Deutsche Texte

22

Herausgegeben von
GOTTHART WUNBERG

*Texte zur Wissenschaftsgeschichte
der Germanistik V*

Materialien zur Ideologiegeschichte der deutschen Literaturwissenschaft

Von Wilhelm Scherer bis 1945

Mit einer Einführung herausgegeben von
GUNTER REISS

Band 2
Vom Ersten Weltkrieg
bis 1945

Max Niemeyer Verlag
Tübingen

ISBN 3-484-19021-3

3484190205 T

Inhaltsverzeichnis

FRITZ STRICH
Deutsche Klassik und Romantik – Grundbegriffe (1922) 1

GUSTAV ROETHE
Wege der deutschen Philologie (1923) 9

JULIUS PETERSEN
Literaturwissenschaft und Deutschkunde (1924) 19

EMIL ERMATINGER
Die deutsche Literaturwissenschaft in der geistigen Bewegung der
Gegenwart (1925) 34

PAUL MERKER / WOLFGANG STAMMLER
Reallexikon der deutschen Literaturgeschichte –
Vorwort der ersten Auflage (1926) 40

RUDOLF UNGER
Literaturgeschichte und Geistesgeschichte – Thesen (1926) 42

HERMANN AUGUST KORFF
Das Wesen der klassischen Form (1926) 45 2

OSKAR WALZEL
Das Wortkunstwerk – Vorwort (1926) 59

WALTER BENJAMIN
Literaturgeschichte und Literaturwissenschaft (1931) 66

LEO LÖWENTHAL
Zur gesellschaftlichen Lage der Literatur (1932) 72

HERMANN AUGUST KORFF
Die Forderung des Tages (1933) 84

KARL VIETOR
Die Wissenschaft vom deutschen Menschen in dieser Zeit (1933) . 89

JULIUS PETERSEN / HERMANN PONGS
An unsere Leser! (1934) 99

HERMANN PONGS
Krieg als Volksschicksal im deutschen Schrifttum (1934)   100

THEO HERRLE
Der Deutschunterricht im Spiegel der Zeitschrift für Deutschkunde
(1937)   104

EMIL STAIGER
Von der Aufgabe und den Gegenständen der Literaturwissenschaft
(1939)   123

DEUTSCHWISSENSCHAFT IM KRIEGSEINSATZ (1940)   133

PAUL KLUCKHOHN
Nachruf auf Julius Petersen und Rudolf Unger (1942)   135

QUELLENNACHWEIS UND KURZBIOGRAPHIEN   139

REGISTER   145

INHALTSVERZEICHNIS VON BAND 1   150

Fritz Strich

Deutsche Klassik und Romantik
oder Vollendung und Unendlichkeit
[1922]

Grundbegriffe

Die Geschichte des menschlichen Geistes ist die unendliche Verwandlung des ewig einen Typus Mensch. Er ist die Substanz, die aller zeitlichen Entwicklung zugrunde liegt, der Mythos gleichsam, der sich zeitlos ruhend durch die schöpferisch bewegte Zeit hindurchzieht. Er wandelt sich zu der unendlichen Erscheinungsfülle und bleibt in allem Wechsel der Gestalt sich doch in seinem Wesen gleich.

Die Wissenschaft der Geschichte hat also diese zweifache und doch nur eine Aufgabe: die Dauer und den Wechsel des Geistes, seine Dauer im Wechsel und seinen Wechsel in der Dauer zu erfassen. Sie muß zunächst demnach die wandellose Form, die ewige Substanz des Menschentums zu fassen suchen, die zeitlos durch die Zeiten geht. Dies tut sie mit den Grundbegriffen. Sie will mit ihnen das erfassen und bezeichnen, was den Mensch zum Menschen macht, den Geist zum Geist, und ruhender Pol in der Flucht der Erscheinungen ist.

Aber diese ewige Form gewinnt ihr Leben nur in dem unendlichen Gestaltenwechsel der Zeit, in der nichts als ein gleiches wiederkehren kann, weil die Zeit eine schöpferische Entwicklung ist. Dies gibt der geschichtlichen Wissenschaft die andere Seite.

Man nennt die einheitliche und eigentümliche Manifestation der ewigen Grundform in der Zeit, die charakteristische Gestalt, in welcher sie zu einer Zeit erscheint, den Stil dieser Zeit. Der Stil ist also die zeitliche Erscheinung des zeitlosen Menschentums. Die Dauer und der Wechsel des Geistes finden gleichermaßen in ihm den Ausdruck. Darum also ist die Geistesgeschichte notwendig Stilgeschichte. Sie stellt den einen Geist im Wandel seines Lebens dar.

Wie aber kann man das zeitlose Wesen des Geistes fassen? Wie kommt man zu den Grundbegriffen? Was macht den Geist zum Geiste? Zunächst: was der Mensch mit jedem anderen Organismus der Natur gemeinsam hat, ist das, was überhaupt das Leben und was auch die Geschichte ausmacht: ganz ebenso wie eine Blume etwa, ist auch der Mensch die zeitliche Verwandlung und Ent-

1

wicklung einer fest geprägten Form. Denn dies ist, wie gesagt, das Leben überhaupt. Was aber den Menschen von jedem anderen Organismus unterscheidet, ist: daß ihm dieses Wesen seines Lebens zum Bewußtsein kommt. Er lebt nicht nur sein Leben, er erlebt es auch. Er fühlt die Dauer seines einen Ich und seine zeitliche Verwandlung. Er weiß sich als den immer einen und den immer anderen. Er wächst und welkt und bleibt doch er. Bewußtsein ist letzten Endes gar nichts anderes als dieses zweifach eine Erlebnis des Lebens.

Aber dies Erlebnis sagt ihm noch ein anderes. Er weiß wohl Dauer und Verwandlung und erlebt doch auch, daß beides enden muß. Der Tod setzt jener Dauer seines Ich ein Ziel, so wie er die Verwandlung endet. Ja, die Verwandlung ist nur ewiger Tod, Vergänglichkeit. Mit dem Erlebnis des Lebens also ist das Erlebnis des Todes notwendig verbunden. Der lebende Mensch weiß allein von allen Geschöpfen der Natur den Tod und die Vergänglichkeit der Zeit. Vom Baume der Erkenntnis pflückt er das Todbewußtsein. Dies treibt ihn aus dem Paradiese seines Glückes. Es ist das Opfer, das er dem Bewußtsein des Lebens bringen muß. Der Sinn und das Recht des Lebens droht ihm hinzuschwinden. Wenn Leben enden muß, so ist es also nicht notwendig in sich selbst, so muß es also nicht – leben.

Aus dieser Tiefe der Erkenntnis und des Schmerzes steigt nun, was erst den Geist wirklich zum Geiste macht: der Wille zur Ewigkeit. Der Wille zu etwas, das so notwendig in sich selber ist, daß es notwendig dauern muß. Dies ist das letzte Ziel des Geistes. Er will sich selbst erlösen aus Vergänglichkeit, sich selbst verewigen, indem er sich einer Ewigkeit, erkennend, handelnd, gestaltend, so einfügt, daß er ihrer ewigen Dauer und Notwendigkeit teilhaftig wird.

Alles, was der Geist an letzten Werten aufstellt und verwirklicht, kommt aus diesem Willen zur Ewigkeit, welcher den Geist zum Geiste macht. Alle Systeme der Kultur haben diesen Sinn und dieses Ziel. Die Religion will Ewigkeit erleben, Sittlichkeit sie handeln, Philosophie sie denken, Geschichte sie entwickeln und die Kunst: sie gestalten.

Es gibt nun aber, so seltsam dies zunächst auch klingen mag, gemäß dem zweifachen Wesen allen Lebens auch eine zweifache Ewigkeit: die Ewigkeit der Vollendung und der Unendlichkeit. Ewig ist, was so vollendet in sich selber ist, so seine eigene Idee verwirklicht und erfüllt, daß es selig in sich selbst und unberührt von Wechsel und Verwandlung dauern muß. Vollendung ist unwandelbar und darum ewig. Sie dauert zeitlos durch die Zeit.

Aber ewig ist auch, was unendlich ist. Was niemals enden kann, weil es niemals vollendet ist: die Dauer der unendlichen Verwandlung, Bewegung und Entwicklung, der unendlichen Melodie, des immer wachsenden Stromes, der ewig schöpferischen Zeit, die niemals Abschluß und Vollendung kennt.

Die eine Grundidee der Ewigkeit zerteilt sich also: in Vollendung und Unendlichkeit, und diese sind die Grundideen aller Kunst. Auf welche dieser Ewigkeiten der letzte Trieb des Geistes gerichtet ist, in welche er sich erlösen möchte, das entscheidet den Charakter eines Stiles. Diese beiden Ewigkeitstriebe sind jene zeitlosen und immer, wenn auch in unendlicher Verwandlung wiederkehrenden Triebe des Menschentums, welche den Menschen zum Menschen und den Geist zum Geiste machen, und welche die Geschichte mit den Grundbegriffen bezeichnet. Sie bilden kraft ihrer Gegensätzlichkeit die innere Polarität des Geistes, die sich, wie man noch sehen wird, immer wieder entscheiden muß und sich im rhythmischen Wandel der Stile wirklich auch entscheidet. Der innere Kampf der Triebe ist das Motiv, der Antrieb aller geistigen Entwicklung.

Für die historische Wissenschaft hat dies zur unabweislichen Folge: daß sie jene beiden letzten Triebe nicht aneinander messen und bewerten, sondern nur vergleichen darf. Denn wenn das Wesen des Geistes in Polarität besteht, wenn die entgegengesetzten Pole nur die beiden ewigen Seiten des ewigen Menschentums sind, so wäre ihre Wertung und Messung nichts anderes als Willkür und Parteilichkeit. Dies muß so ausdrücklich bemerkt werden, weil man sich durch Tradition und Schule nur allzusehr daran gewöhnt hat, den Maßstab von der klassischen Kunst zu nehmen und Erscheinungen mit ihm zu messen, die ihrem Wesen nach sich solchem Maß entziehen. Unendlichkeit ist ganz ebenso ein absoluter Wert wie Vollendung. Es gibt keine Ästhetik, die einen Grundbegriff, welchen auch immer, aufstellen könnte, zu dem nicht sofort und notwendigerweise der polare Gegenbegriff gebildet werden kann und muß. Jede Zeit natürlich muß sich entscheiden und jede Kunst, und jede hat das unveräußerliche Recht, sich für die einzig wahre und endgültige zu halten, denn nur aus solcher Überzeugung zieht sie ihre schöpferische und verwirklichende Kraft. Aber die Wissenschaft der Geschichte sehe ihre Aufgaben gerade darin, das Bewußtsein von der Einheit des Geistes in allem Wechsel der Erscheinung wachzuhalten und über dem Kampfe den Bogen des Friedens zu wölben, indem sie den Kampf nur als das Geheimnis des Lebens, die Zweiheit als das Geheimnis der Einheit begreift.

Der folgende Versuch wird diese ewige Polarität an einem Punkte der Geschichte darstellen, wo sie vielleicht zum ersten Male, jedenfalls aber mit einer sonst nie erreichten Klarheit in das wache Bewußtsein der Menschen trat. Und dies geschah um die Wende des 18. und 19. Jahrhunderts.

Alles, was man sonst an Unterscheidungen und Eigenschaften der Stile aussagen kann, ist nur Konsequenz der beiden Grundideen, Eigenschaft der beiden Ewigkeiten.

Vollendung ist unwandelbare Ruhe. Unendlichkeit: Bewegung und Verwandlung. Vollendung ist geschlossen, Unendlichkeit aber offen. Vollendet ist die Einheit, die sich in Vielheit gliedert und jedes Glied schon in sich selbst vollendet und geschlossen macht, weil sie auf solche Weise schon in jedem Augenblick am Ziel und ganz und in sich ruhend ist. Unendlich aber ist die Einheit, die ohne Gliederung alles ineinanderschmilzt und fließend hält und ineinanderwandelt, so daß hier Fülle also nur Verwandlung einer immer einen Urkraft ist. Vollendet ist die Einheit, die mit ihren Teilen abgeschlossen und erschöpft ist, unendlich jene, welche nur in unerschöpflicher Verwandlung lebt. Vollendet ist die Klarheit, unendlich aber das Dunkel. Vollendet ist die Gestalt, in der ein ewiges Gesetz und Urbild restlos zur Erscheinung kommt. Unendlichkeit aber kann niemals zur Erscheinung kommen, weil sie über jede Erscheinung hinaus unendlich dauern muß. Sie kann immer nur scheinen und bedeuten. Vollendet also ist das Bild, unendlich aber das Sinnbild.

Man kann also eigentlich nur von dem zeitlosen Urbild und Gesetze sagen, daß es im Kunstwerk Realität wird, während die Idee der Unendlichkeit niemals real werden kann, sondern über jedes Bild hinaus unendlich bleibt. In diesem Sinne haben denn auch die Begriffe des Realismus und Idealismus, diese vieldeutigen, irreführenden und mißverstandenen, Geltung für die Kunst. Entscheidend ist, ob das Ideal so beschaffen ist, daß es sich ganz verwirklichen, ganz real werden kann, in der umgrenzten Gestalt der Kunst, oder ob es nur durch das Sinnbild anzudeuten oder von der Sehnsucht unendlich zu erstreben ist und also Ideal bleibt. In diesem Sinn aber ist Schillers Dichtung ganz ebenso realistisch wie Goethes, denn auch in seiner Dichtung wird das Ideal zur Wirklichkeit, in der Schönheit nämlich oder der erhabenen Tat. Das romantische Ideal aber muß unendlich ideal bleiben, und alle Romantik ist nur Weg und Bahn. Das nannte Friedrich Schlegel die idealistische Ansicht der Welt: daß die Welt nicht vollendet ist, sondern eine unendliche Geschichte, eine ewig werdende und der Vollendung sich unendlich nähernde, daß Gott auch selbst nicht ist, sondern unendlich wird. Wie hätte also im romantischen Gedicht das Ideal verwirklicht und vollendet werden können. Es muß unendlich bleiben wie die romantische Poesie überhaupt, von der Friedrich Schlegel einmal sagte, daß sie ewig nur werden, nie vollendet sein kann, weil sie eine »progressive Universalpoesie« ist.

Aber diese Begriffe von Realismus und Idealismus haben auch eine Beziehung auf die Natur und ihr Verhältnis zur Kunst. In Frage steht zunächst, ob das, was die Kunst gestalten will, schon in der Natur vorhanden ist und sich nur dem reinigenden Auge der Kunst erst offenbart, oder ob es eine Aufgabe, eine Forderung an den Geist ist, der sie in freier, schöpferischer Tat als Ideal erfüllt. Goethes Weltanschauung war Realismus in diesem Sinne, daß er die zeitlose Idee verwirklicht sah in der Natur. Seine Kunst war solch anschauende Erkenntnis. Man kann von seiner Dichtung, Ästhetik und Naturwissenschaft gar nichts aussprechen, was umfassender wäre als dieses: daß die Gesetze, welche er für die Dichtung forderte und in ihr verwirklichte, genau die gleichen Gesetze waren, die er im natürlichen Organismus ersah. Aller Vielheit und Verwandlung der Natur liegt ein sich ewig gleichbleibendes, zeitloses Organ, ein Maß und ein Gesetz zugrunde: das Urphänomen, das symbolische Urbild, der Typus. Alle Teile der Pflanze und alle Pflanzen sind von ursprünglicher Identität. Es ist immer ein und das gleiche Organ, das sich vom Blatte bis zur Frucht verwandelt; die Urpflanze, die symbolische. Dies war keine Forderung seines Einheit suchenden Geistes, sondern Erfahrung und ganz reale Anschauung seines Auges. Des jungen Goethe tiefes Leid war gewesen, daß die Natur eine unendliche Zerstörung, ein ewiger Tod sei. Nun aber erlebte er im Strome der Zeit den ewigen Bestand. Das Sein ist ewig, denn Gesetze bewahren die lebendigen Schätze. Für alle Erscheinungen nun das zeitlose Urbild aufzustellen, war der tiefste Sinn seiner klassischen

Naturwissenschaft, und von der Dichtung verlangte er, daß sie die ewigen Motive, die sich wiederholt haben und wiederholen werden, zur Anschauung bringe. Im natürlichen Organismus sah er das Gesetz der Polarität: aus der Gegenwirkung zweier Kräfte erzeugt sich die lebende Gestalt als ein abgeschlossenes, vollendetes, seiendes Gebild. Man wird noch sehen, wie das Gesetz der Polarität auch seine Dichtung formte. Den Organismus sah er nicht als eine unteilbare Einheit, sondern eine gegliederte Vielheit abgesetzter Teile, und je gegliederter der Organismus ist, desto größere Vollkommenheit sprach er ihm zu. Gliederung, Vielheit aber ist auch ein Gesetz seiner Dichtung. Nirgends wollte sein Gedicht regelmäßiger sein, als die Natur es ist. Er sah die Regelmäßigkeit des Kristalls auch im Organismus, nicht eine geometrische Regularität, aber doch eben eine Symmetrie, welche noch durch die monströsesten Abweichungen hindurch sichtbar bleibt. Gesetzmäßig also ist alles in der Natur wie im Gedicht.

Von entgegengesetzter Seite kommend, traf nun Schiller mit Goethe zusammen. Er sah das Gesetz, nach dem sein Geist verlangte, nicht in der Natur verwirklicht, und hier konnte er mit Goethe nicht einig sein. Als Goethe ihm den Gedanken des Urphänomens entwickelte, da sagte er: das ist keine Erfahrung, sondern eine Idee. Er meinte ein Ideal, eine Forderung des Ewigkeit wollenden Geistes, der ein Maß aufstellt, um mit ihm die zeitlichen Erscheinungen zu messen. In diesem Sinne war Schiller ein Idealist. Er sah sein Ideal nicht in der Natur verwirklicht, sondern ihm war es eine Aufgabe, eine Forderung, die nur der freie Geist erfüllt mit seiner Tat und seinem Werk, der ethische und der ästhetische Mensch. So angesehen sind denn diese beiden, Goethe und Schiller, Pole der Menschheit wirklich. Realismus und Idealismus verkörpert sich in ihnen. Vergleicht man nun aber ihr Werk, so löst sich doch der Gegensatz in eine höhere Einheit auf. Denn dem wollenden Geiste sprach ja Schiller nicht nur die Aufgabe, sondern auch die Möglichkeit zu, das Ideal des zeitlosen Gesetzes zu verwirklichen, zur Realität zu machen, und dieses tat seine Dichtung. Man könnte sie magischen Realismus nennen. Mochte er auch auf der Stufe der Freiheit und der Erkenntnis tun, was Goethe aus der Notwendigkeit seiner Natur, so steht ja doch ihre Dichtung unter den gleichen Gesetzen, wie man noch sehen wird. Mochte auch Goethe das Urbild als Idee und Schiller als Ideal erleben, so war doch beides eben das ewig zeitlose Menschentum, und beide machten es zur Realität in sich selbst und in ihrer Dichtung. Dies ist ihre höhere Einheit, ihre Klassik, und wenn man das Wort nun so versteht: ihr Realismus.

Was die Verschiedenheit dieser Geister ausmacht, hat auch die Dichter der Romantik unterschieden. Denn wie es dort eine gleichsam natürliche und eine frei geschaffene Klassik war, so gab es auch in der Romantik solche, die eine natürliche Romantik vertraten wie etwa Tieck und Wackenroder, und andere, die das romantische Moment der Schöpfung zur Magie erheben wollten. Dies ist der magische Idealismus des Novalis, der dem magischen Realismus Schillers auf der Seite der Romantik entspricht.

Zu dem klassischen Realismus also, der Goethe und Schiller verbindet, bildet der romantische Idealismus erst den Gegenpol. Denn hier wird nun wirklich ein Ideal aufgestellt, das seinem Wesen nach unendlich ist und niemals verwirklicht und vollendet sein kann, weil es eben: das Unendliche, das Nievollendete ist.

Wie aber kann der Mensch Unendlichkeit erleben und gestalten? Der klassische Mensch erlebt das Ewige in der Zeit, denn es ist das, was in der Zeit sich unverwandelt durch sie zieht. Für ihn ist Zeit und Ewigkeit kein Widerspruch. Eines ist in dem andern. Die Klassik also konnte der Welt der Erscheinung immanent bleiben, weil sie in ihr schon Ewigkeit erlebte. Aber der romantische Geist erlebt ja nicht die Dauer in der Zeit. Er lebt die Zeit. Ist diese denn unendlich?

Zweifache Antwort scheidet die Romantik in zwei Strömungen, die doch aus einer Quelle kommen. Man kann sie wohl die christliche und dionysische Romantik nennen, und immer in romantischen Zeiten – besonders deutlich auch im Barock – sind sie nebeneinander zu bemerken. Man hat sich seit Nietzsche daran gewöhnt, dionysische Dichtung als den Gegensatz der romantischen aufzufassen, weil jene ein trunkenes Lied des Lebens, diese aber ein weltflüchtiges, jenseitiges sei. Schon die Mysterien des Dionysos in der Antike sollten vor solchem Irrtum schützen. Denn die Quellen des Christentums sind ja in diesen gerade auch zu finden. Hier ging der griechische Geist über die Form und Erscheinung hinaus und suchte und fand die Unendlichkeit der Seele. Hier tauchte die Sehnsucht und auch die Wegerkenntnis auf: die Seele von den Grenzen ihrer leiblichen Erscheinung zu erlösen. Erlöser ist der Gott des Rausches und der Liebe und des Todes. Dies also deutet auf die eine Quelle hin, aus der dann freilich zwei Strömungen bis zu vollendeter Polarität sich trennten. Denn nach entgegengesetzten Seiten, in ein verschiedenes Reich kann die Erlösung geschehen. Aber die Sehnsucht, sich aus geschlossener Form in die Unendlichkeit und Einheit zu erlösen, ist gemeinsam.

Darum scheint es besser, die beiden Strömungen mit einem Namen: Romantik zu bezeichnen. Sie sind ja auch immer zu gleicher Zeit und nebeneinander da. In der deutschen Romantik sind es Hölderlin und Kleist, welche den Weg der dionysischen Erlösung gingen, und darum, nur darum scheinen sie abseits von jener Romantik im engeren Sinne zu stehen, die mit zunehmender Entschiedenheit den Weg der christlichen Erlösung ging. Gemeinsamer Ausgang also ist das Erlebnis, daß ein unendlicher Geist in die Form des Raumes eingeschlossen und zerteilt und in die Form der Zeit verendlicht ist. Denn ist die Zeit auch eine unendliche Melodie, so ist sie doch eine unendlich verklingende, wenn ein wachsender Strom, so doch ein unendlich verrauschender, ein Schwung, der alles niederreißt, gleich einem Sturm. Die Zeit ist unendlich sterbend und tötend. Sie ist der ewige Tod, und die Unendlichkeit der Geschichte vollzieht sich nur im niemals ruhenden Opfer allen Lebens.

Dies war das Zeiterlebnis der Romantik. Endlichkeit steht über ihrem Tor, und hieraus kam ihr Schmerz und ihre Sehnsucht, sich des unendlichen Lebens zu bemächtigen, was nur geschehen kann, wenn die Formen des Raumes und der Zeit zerbrechen, diese Formen, in welchen der klassische Geist seine Ewigkeit verwirklichte. Man wird noch sehen, wie die romantische Dichtung der Ausdruck solcher Sehnsucht und der Versuch zu solcher Formzerbrechung war, der natürlich nur Weg bleiben konnte und niemals das unendliche Ziel erreichte, wenn nicht in jener Nacht des Wahnsinns oder Todes, die jenseits aller Form ist, wie es Hölderlin und Kleist geschah.

Aber dieses unendliche Ziel lag nach entgegengesetzten Richtungen gleichsam. Friedrich Schlegel ging – wenn auch nur im Geiste – den Weg des Geistes aus der Welt, und die Geschichte selbst, für welche die Romantik ein neues und tiefes Gefühl besaß, empfing das Angesicht eines solchen Weges. Geschichte ist der Weg des Geistes durch die endliche Zeit zu seiner Heimat hin. Sie ist die sterbende Zeit, damit die Endlichkeit sterbe und die Zeit unendlich werde. Denn dieses ist romantische Unendlichkeit, auf die der letzte Friedrich Schlegel zielte: daß die Zeit nicht in ihr ausgeschlossen ist, sondern nur unendlich wurde. Vom göttlichen Dasein die Zeit ausschließen, wie es manche Strömung der Mystik und der orientalische Geist besonders tut, das nannte Friedrich Schlegel: das Leben Gottes leugnen. Wenn aber in der irdischen Zeit Vergangenheit vergangen ist – ein ewiger Tod – und Zukunft ewig unlebendig, ungeboren, so ist in jener unendlichen Zeit, die nach dem Ablauf der Geschichte sein wird, die Vergangenheit noch gegenwärtig und die Zukunft schon lebendig. Es gibt dann keinen Unterschied der zeitlichen Formen: Vergangenheit und Gegenwart und Zukunft mehr. Es gibt nur noch die unendliche Dauer des ewigen Lebens. In diese also sich zu erlösen, war das letzte Ziel romantischer Transzendenz, und man wird die Stationen dieses Weges noch sehen. Die Klassik aber fand die ewige Gegenwart, ihrer ganz anderen Idee von Ewigkeit gemäß, schon hier in Raum und Zeit.

Aber auch die dionysische Romantik war nicht in diesem Sinne transzendent. Ihre Erlösung von Geschlossenheit und Endlichkeit ging gleichsam in die Tiefe, wo jene in die Höhe ging. Sie ist eine diesseitige oder unterirdische Romantik. Sie weiß das Leben selbst als ungeteiltes, schöpferisch unendliches, über allen Tod und alle Vernichtung hinaus dauerndes, ja sich durch den Tod ewig verjüngendes. Dieses eine, unendliche Leben nennt sie die Natur, die unendlich schöpferische, zeugende und gebärende Natur, die darum nur die endlichen Geburten schafft und in die Vielheit der umgrenzten Formen sich zerteilt, um durch deren ewige Vernichtung ihr unendliches und eines Leben ewig zu verjüngen. Dies unterscheidet christliche und dionysische Romantik. Aber beide lösen das Geheimnis des Todes: er ist Erlöser in die Einheit und Unendlichkeit.

Gustav Roethe

Wege der deutschen Philologie

[1923]

[...]

Die deutsche Philologie dankt es Lachmann, daß sie nie, wie ihre anglistische und ihre romanischen Schwestern, auf die kritische Ausgabe verzichtet hat. Die wissenschaftliche Kraft, sich in die Seele des Dichters zu versenken, ihn nachschaffend neu erstehen zu lassen, offenbart sich nirgends zugleich demütiger und geschlossener als in der Edition, der philologischen Höhenleistung. Die kühne und selbständige Kritik, die noch jüngst an zwei großen Minnesängern, an Heinrich von Morungen und Reinmar dem Alten, geübt ward, dort in mutiger Erschließung der lyrischen Genialität aus schlimm Verderbtem, hier in sorgsamer Beobachtung einer dialektisch und formal tiftelnden, mit der sparsamsten feinfühligsten Auswahl der Worte und Klänge berechnet arbeitenden Kunst, diese fruchtbare kritische Leistung erweist, daß Lachmann auch heute noch würdige Jünger findet, die doch auf eignen Bahnen zu wandeln wissen. Das Recht der kritischen Ausgabe ist viel bemängelt, dafür der schlichte Handschriftenabdruck empfohlen worden. Gewiß, jede konsequente philologische Kritik läuft Gefahr auszugleichen, zu normalisieren und zu verbessern, statt wiederherzustellen: aber wie der Porträtmaler, der Bildhauer seiner Pflicht zur Treue völlig genügt, ohne jedes Wärzchen nachzupinseln, jedes Zufallsbläschen nachzumeißeln, so sucht die philologische Kunst die Wahrheit, nicht die Wirklichkeit. Und die hohe formale Vollendung gerade der mittelhochdeutschen Dichtung, die so in deutscher Sprache nie wieder erreicht worden ist, verlangt und belohnt die peinlichste formale Untersuchung. Ich greife nur eins heraus. Die beschwerte Hebung, die ohne folgende Senkung den ganzen Takt füllt, ein Erbstück des Alliterationsverses, in dem sie aber durch Tradition dem Übermaß verfallen war, ist ein unvergleichliches Mittel, gewichtige Worte deklamatorisch hervorzuheben bis zu leidenschaftlicher Wirkung, doch ohne den Versrahmen irgendwie zu sprengen; sie unterstreicht etwa die erste Namennennung durch den Doppelschlag: »dèr was Hártmàn genánt«. Es ist ein Genuß, nicht nur bei unsern großen Epikern, sondern auch in der novellistischen Kleinkunst wahrzunehmen, wie der Versbau sich gleich einem fest anliegenden schmiegsamen Gewand jeder Regung des dichterischen Geistes anpaßt. Diese metrische Ausdrucksfähigkeit haben nicht einmal die freien Rhythmen unserer klassischen Zeit wiedergefunden: liegt doch das Wundervolle mittelhochdeutscher Versrhythmik darin, daß sie persönliche Belebtheit und farbige Fülle mit der ruhigen Festigkeit überkommener Form vereinigt.

Das alles muß freilich der Herausgeber aus dem Text durch eigne Erkenntnis herausholen. Wir sind seit Opitz gewöhnt, daß der Dichter die Sprachformen drucken läßt, die er gelesen wünscht. Noch das 16. Jahrhundert war darin ungleich. Und den Schreibern des Mittelalters liegt solche Lesehilfe mit wenigen Ausnahmen (die rühmlichste bedeutet Otfrids des Elsässers Schreibschule) vollständig fern, und es ist wertlos, wenn manche unklare Herausgeber gewissenhaft zu verfahren meinen, indem sie an die Wortbilder der Handschriften ängstlich sich klammern. Der mittelhochdeutsche Schreiber rechnete auf den geübten Vorleser: Philologenpflicht ist es, ihn zu ersetzen. Lachmann, der seine philologische Energie noch auf einen verhältnismäßig kleinen erlesenen Kreis von Dichtern erstreckte, hat die Vortragsmöglichkeiten nicht erschöpft. Und auch in anderer Hinsicht hat unsere größere Handschriften- und Literaturkenntnis, für die die Preußische Akademie besonders viel getan hat, uns den Blick erweitert. Lachmann strebte überall zum Echten und Ursprünglichen; uns offenbart sich heute in der *Schreibertätigkeit* ein lehrreiches literarisches Fortleben, aus dem wir ein gut Stück geistiger Geschichte ablesen können. Das gedruckte Buch hat etwas Starres; hundertfach und tausendfach vorhanden besitzt es ein erdrückendes Schwergewicht, so fehlerreich es sein mag. Das geschriebene Buch ist stets ein Unikum; jedes neue Exemplar bedeutet eine neue Formung. Es handelt sich dabei nicht nur um Modernisierung, die besonders nahe liegt, auch um Trivialisierung. Bei den bedeutendsten mittelhochdeutschen Poeten, gleich bei Wolfram, drängt eine bequemer verständliche, metrisch scheinbar korrektere, in Wahrheit farblosere Vulgata den echten Text zurück. Erweiterung oder Kürzung, je nach Bedarf, setzt ein. Das mit Reminiszenzen überladene Gedächtnis der Schreiber verpfuschte eine Physiognomie, indem es Züge der andern einmischte. Aber auch die Neigung zum Steigern, Überbieten, stärkeren Auftragen stellt sich ein und führt dem Barock entgegen. Die viel umstrittnen Interpolatoren der mittelhochdeutschen Volksepen, die mancher heute ganz leugnen möchte, sind gewiß sehr munter und wirklich gewesen: bei der strophisch gegliederten Dichtung ward ihnen die Arbeit leichter als im festen Zusammenhang der durch Reimverschlingung vernieteten Reimpaare. Der Respekt der Schreibstuben vor dem Überlieferten war in der weltlichen Dichtung nicht groß: aber literarisches und sprachliches Leben spiegelt sich in der Fülle der Handschriften, und für die Geschichte des Publikums ist da vieles zu gewinnen, was Lachmann noch kaum beachtete.

Er wandte sein Interesse ganz der *Dichtung* zu, die wir auch heute noch bevorzugen. Das ist wohlbegründet. Nicht nur daß sie überhaupt das reinste Bild unsers ideellen Lebens gewährt; im deutschen Mittelalter stellt sie neben dem Latein, das bis ins 17. Jahrhundert gleichberechtigt fortlebt, fast die einzige anerkannte Form literarischer Aufzeichnung von Anspruch auf wörtliche Dauer dar. Außerdem ermöglicht ihre festere Form viel genauere Forschungsergebnisse. Die Untersuchung der *Prosa* liegt noch im argen; zur befriedigenden kritischen Ausgabe sind wir da nicht oft gelangt, so viel für die Beobachtung von Wortschatz, Syntax, Stil allmählich geschehen ist. Auch für die neuere Zeit sind wir bei Würdigung der Kunstprosa weit hilfloser als vor der Dichtung. Ich erwarte viel von der wachsenden Erkenntnis des *sprachlichen Rhythmus,* der ja tatsächlich unser ganzes Leben, auch die arglose Rede des Alltags durchzieht. Goethes ›Werther‹ ist auf weite Strecken ein hinreißendes Gedicht; er kennt in der ›Novelle‹ die rhythmische Verschiedenheit verschiedener Lebenskreise; bei Ernst Theodor Hoffmann wandelt sich alsbald Takt und Klangfarbe, wenn wir aus dem nüchternen Alltag in die Zauberwelt von Atlantis schreiten. Das Mittelalter hat wenig echte Kunstprosa, zu der man Rechtssätze, chronikalische Aufzeichnungen, die unsicheren Nachschriften deutscher Predigten nicht rechnen darf: aber aus dem Kursus lateinischer Prosa pflanzt sich manches ins Deutsche herüber, und Luthers Bibel, dies erste Wunderwerk originaldeutscher Prosa höhern Stils, echt, obgleich es Übersetzung war, hat die Kraft der Rhythmik mit ursprünglicher Gewalt zu üben gewußt. Aus früherer Zeit hält nur die Sagaprosa des Nordens der Probe auf germanische Reinheit Stich, für deutsches Empfinden fast großartiger in ihrer herben Männlichkeit als der aus Uraltem und skaldischem Barock gemischte unreine Kunststil der Edda, der Ungeheures ahnen läßt, aber die Wirkung allzuoft rätselnd und künstelnd selbst zerstört.

Die *Form* steht für philologische Arbeit stets in erster Reihe. Die sprachliche Gestaltung eines Gedankens, einer Anschauung ist nicht weniger Form, als das künstlerische Schaffen formt; man hat einmal hübsch vom Philologen verlangt, er müsse zugleich Künstler und Philosoph, das heißt Forscher, sein. Es gehört zu den erfreulichsten Wandlungen unserer Wissenschaft, daß, dank vor allem den genialen Anregungen Wilhelm Scherers, die Würdigung, das wissenschaftliche Nachschaffen der *innern* Form so große Fortschritte gemacht hat, und hier haben Studien aus dem Kreise der neueren Literatur die mittelhochdeutschen Philologen unzweifelhaft überholt, denen die Vorarbeiten stärkere Schlingen um die Füße legten: der fruchtbaren Tätigkeit unseres Jubiläumsrektors, Erich Schmidt, dessen Bild unvergessen, unvergeßlich in unserer Erinnerung lebt, sei hier dankbar gedacht. Zumal für die allseitige geschichtliche und formale Würdigung einzelner bedeutender Werke ist Ausgezeichnetes geleistet worden, weniger für die wissenschaftliche Darstellung literarischer Epochen; selbst die literarische Biographie steht nur in einer kleinen Reihe wertvoller Schriften ganz auf der Höhe, und der großen literarhistorischen Schöpfungen von Gervinus und Scherer ist Ebenbürtiges noch nicht zur Seite getreten.

Die philologische Stärke ernsthafter Gründlichkeit, die sich in die unermüdliche Aufarbeitung auch des Kleinen liebevoll vertieft, zeigt hier ihre Schwäche. Die berühmte Andacht zum Unbedeutenden hat ihren Propheten Jacob Grimm nie gehindert, das Größte aufzubauen. Aber die Jacob Grimms sind selten, und es ist doch nicht in der Ordnung, daß so und so oft französische Geistesgewandtheit, die von uns Stoff und wissenschaftliche Grundlagen entlehnte, dann gestaltend die Früchte unserer philologischen Arbeit ernten durfte. Heut ist der Vorwurf beliebt, die Philologen trieben nur *Analyse*, nicht *Synthese*. Ich kann ihm nicht jeden Grund absprechen. Wer etwa die Quellen eines Werkes sorgfältig analysiert und dann darauf verzichtet, über diesen fremden Einflüssen die eigne Gestalt des Schriftstellers auferstehen zu lassen, der macht unter der halben Höhe Halt. Aber Originalität faßt niemals, wer nicht der Abhängigkeit gerecht zu werden wußte; Quellenforschung hat oft den höchsten heuristischen Wert und schärft im Vergleich mit den Vorlagen den Blick für das Eigne und Neue; eine der allerbedeutendsten Fragen der deutschen Literaturgeschichte, der deutsche Gehalt von Wolframs ›Parzival‹, im höchsten Sinne gewichtig für unser älteres Geistesleben, hängt wesentlich von der Quellenanalyse ab. Und wer in die komplizierte Vorgeschichte des ›Faust‹ sich philologisch so verbeißt, daß er vor lauter Vorstufen und Materialien nicht zum abgeschlossenen Werke sich erhebt, der beraubt sich des Besten. Aber der naive Synthetiker, der in diesem Meer der Widersprüche sich ahnungslos tummelt, ohne seine Untiefen zu merken, der wird den ›Faust‹ vielleicht glatter deuten: wissenschaftlich aber ist es nie, zu verwischen statt zu ergründen. Analyse ist die Vorstufe der Synthese; aber Synthese ohne Analyse ist – sagen wir es getrost – sehr oft schlechthin dilettantisch. Von unsern großen Philologen war Lachmann ganz analytisch, Jacob Grimm ganz synthetisch eingestellt: aber Jacob Grimm hat stets August Wilhelm Schlegel treue Dankbarkeit dafür bewahrt, daß dieser, wahrlich kein pedantischer Philologe, den jungen Enthusiasten zur strengen Selbst- und Stoffkritik zwang; umgekehrt war das Intuitive im Erfassen der ganzen Persönlichkeit eine divinatorische Kraft Karl Lachmanns, die wir darum nicht geringer werten, weil sie in schriftstellerische Darstellung nicht auszumünden liebte.

Das *Gestalten* ist, recht verstanden, auch Wissenschaft; erst der Formende erkennt, was dem Bilde, das er sich erarbeitet hat, an Rundung des Körpers, am gleichmäßig belebenden Herzschlag gebricht. Es ist nicht rühmlich, daß uns eine wahrhaft wissenschaftliche Biographie Goethes, aber auch Wielands und Grillparzers und vieler andern immer noch fehlt, daß die Schillerbiographien von höherem Anspruch fast alle in den ersten Teilen stecken geblieben sind. So hat die ästhetisch-philosophische »Literaturwissenschaft« heute viel Freunde, nicht ganz ohne Mitschuld der Philologie. Ich bekenne freilich, daß mir die positiven Ziele dieser neuen Wissenschaft nur halbklar sind. Ich sehe ja, daß sie das Wort »Geschichte« meidet, und die Abneigung gegen »pedantische« Einzelforschung schlägt allzu bereitwillig und hemmungslos in das Gegenteil um. Nun wird ja gerade in der Pflege neuerer Literatur die Philologie die Hilfe der Philosophie und Ästhetik neben der Geschichte und Kunstgeschichte dankbar gebrauchen, wie die ältere deutsche Philologie so oft in die Schule der Theologen gehen muß. Wenn heute die Neigung auftaucht, geschichtliche Stilerscheinungen der bildenden Kunst in der Dichtung wiederzufinden, so wird dieser Versuch den Blick oft schärfen. Wer aber einen Vergleich von Klassik und Romantik in »Vollendung und Unendlichkeit« umsetzt, der sieht nicht mehr geschichtliche Wahrheiten, sondern konstruiert. In rückhaltloserer Dankbarkeit würdigen wir, was Gervinus und Treitschkes groß angelegter Aufbau literarischer Vorgänge vor unserer Art voraus hat, und es wäre schnöder Undank, wenn wir der *Philosophen* Rudolf Hayms, Kuno Fischers, vor allem *Wilhelm Diltheys* große Leistungen und Anregungen vergessen wollten. Aber sie alle waren oder wurden Historiker, wenn sie an der Literaturgeschichte mitarbeiteten:

Dilthey hat sich mit besonderer Wärme zu seiner geschichtlichen Seele bekannt: ich darf das aus persönlichen Eindrücken bezeugen. Er warnte geradezu vor der Neigung, große Dichter zu mittelmäßigen Philosophen umzubilden, wie das heute mit so heißem Bemühn an Novalis und Hölderlin und andern verübt wird; ihn führte die Versuchung nicht irre, den eingebungsreichen Fragmentisten zu einem Systematiker umzugießen. Sein Stichwort »Erlebnis«, an sich nichts Neues als Keim dichterischen Schaffens, hat dank dem Vorbild seiner schönen kleinen Studien eine tiefe und fruchtbare Wirkung geübt: es war ihm aus geschichtlicher Erkenntnis erwachsen, aber auch in persönlicher Erfahrung, wie in seiner Freundschaft mit Wildenbruch, gefestigt. Und er brauchte es ohne Starrheit. Nicht Dilthey, nur seine Nachläufer haben verkannt, daß der Inhalt des Wortes schillert: es gibt auch bedeutende unerlebte oder doch nur formal nacherlebte Dichtung, und sie hat ihre eignen Gesetze. Bei Dilthey bleiben wir auf geschichtlichem Boden. Wesensfremd aber wird die philosophische Literaturwissenschaft der Literaturgeschichte, wenn sie in die Dialektik übergeht, die auf das »Erlebnis« verzichten kann: zum Glück macht sie sich, wie einst bei den Hegelianern, in solchen Fällen meist schon durch ihren eignen wissenschaftlichen Jargon unschädlich.

Gerade diese Seite unserer Wissenschaft steht heute im Kreuzfeuer der Meinungen. Die neuere deutsche Literaturgeschichte sollte von der älteren und von der Sprach- und Formgeschichte nie gelöst werden: wem die Größe unserer germanischen Heldendichtung, die glänzende Kunst des mittelalterlichen Rittertums, der Geist der Mystik und Reformation, das tiefste Leben unserer Sprache aus Mangel an Sprachkenntnis nur wenig vertraut ist, der wird gerade die großen deutschen Kräfte unserer neuen Zeit auch nicht würdigen; und dem mittelalterlichen Philologen, dem das überreiche Spiel der geschichtlichen Mächte, wie die Neuzeit es zeigt, fern liegt, dem wird auch unsere alte Sprache und Literatur nie volles Leben gewinnen: ein so spröder Forscher wie der Meister germanischer Altertumskunde Karl Müllenhoff hat einst an neuer deutscher Dichtung Liebe und Blick für die Vergangenheit bereichert. So hat schon Weinhold vor 30 Jahren vor der Trennung gewarnt, der jede innere Begründung fehlt. Es gibt ja manchen geistvollen Mann, dem das strenge sprachlich-philologische Studium unbequem ist und der gleichwohl schriftstellerische

Kräfte in sich fühlt, die er für wissenschaftlich hält. Und politisch unruhige Zeiten, wie die unsern, sind immer geneigt, dem geschickten Literaten auch die Pforten der Universität zu öffnen: ich erinnere an die Mundt und Prutz und manch Berliner Experiment, das wenig gefruchtet hat: daß wir Germanisten diesmal bisher in Preußen mit solchen Versuchen leidlich verschont geblieben sind, das erkenn ich dankbar an. Schriftstellertum und Wissenschaft sind getrennte Welten. Der bedeutende Schriftsteller kann mächtig und segensreich, anregend im hohen Sinne wirken und doch zur wissenschaftlichen Erziehung völlig ungeeignet sein. Er hat das Recht, die eigne Persönlichkeit mit seinem Helden in eine lebhafte Beziehung von Sympathie und Gegensatz zu bringen, die auf den Leser eine starke Wirkung ausübt; der philologische Historiker dagegen soll sich und andere zu der willigen Ergebung erziehen, die ein Einfühlen und Einarbeiten bis zum Mitleben erreicht und dadurch erst zur wissenschaftlichen Befreiung gedeiht. Es gehört zur wunderbaren Größe Goethischen Geistes, daß er niemals Dilettant war, überall seine Grenzen kannte und darum überall belehrbar blieb. Das Dilettantentum, das heute in unserm öffentlichen Leben eine so verhängnisvolle Rolle spielt, bleibe es der Universität in Gnaden erspart! Denn der höchste Gewinn unserer Arbeit ist die Freiheit, die nur der strengen, ja harten methodischen Arbeit entwächst und daher das leichte Spiel des Geistes, selbst das persönliche Bekenntnis als unfertig ablehnt.

Die große Leidenschaft, die zur Höhe strebt und sich schon in den Runen und Namen unserer frühesten Zeit mit einer idealen Welt umgibt, zu der das Gold nicht gehört; die innere Selbständigkeit des eigenen Menschen, der sich und seiner Idee treu bleibt, unbeirrt durch die Meinung der Vielen und durch die Fügungen des Lebens; die Freude an dem Für-Sich-Sein, die sich doch verträgt mit dem Gemeinschaftsgefühl derer, die gleiche Wege wandeln; die hingebende Liebe zur Arbeit, die man am Deutschen schon zu Leibniz Zeiten draußen belächelte und die doch Zukunft, verjüngende Kraft in sich trägt; der heiße Drang zu jener schaffenden Freiheit, die sich selbst verwirklichen kann: das sind Züge deutscher Art, wie sie die Vergangenheit uns darbietet. Und in dem Preußen der Hohenzollern und Kants trat dazu jene pflichtgemäße Zucht, die uns zum Dienst für das Ganze erzog und damit zu Herren unser selbst machte. Heute ist dies Bild nicht ähnlich; es gab auch früher schon Perioden, in denen es nicht ähnlich war.

Wir haben das zähe Streben; das Beharren auf der Höhe wird uns schwer. Einen so schmählichen Fall wie 1918 zeigen uns freilich kaum die Schicksalsspiele der Völkerwanderung.

Für Euch, liebe Kommilitonen, ists schwere Zeit, für uns Ältere noch schwerere. Wir atmeten in unserer Jugend reine, frische, herzstärkende deutsche Luft; heute fühlen wir eine Übermacht drückender fremder Geistesgewalten. Goethe, dem alles Teutonische fern lag, warnte seine lieben Deutschen doch dringend vor ausländischen Mustern im öffentlichen Leben: »Was einem Volk nützlich, ist dem andern ein Gift.« Und Umgestaltungen, die nicht aus dem innersten Kern der eignen Nation hervorgehen, haben keinen Erfolg: »sie sind ohne Gott, der sich von Pfuschereien zurückhält«. Daß unser Volk Katastrophen über Katastrophen überstanden hat, sich immer neu verjüngend, das läßt uns weiter hoffen. Die deutsche Seele ist nicht tot. Wie lebte sie in der großen Zeit des Weltkrieges! Sie spricht zu Euch aus unserer Geschichte, aus Sage und Dichtung, aus der deutschen Musik und der deutschen Landschaft, zumal aus den Gestalten unserer Größten, aus Luther und Friedrich, aus Goethe und Bismarck, die alle teilhatten an der großen Leidenschaft und der unermüdlichen Arbeit des Deutschen, die alle den flachen Eudämonismus, was die Menschen so Glück und Genuß nennen, verachteten, die alle wußten, daß nur der strenge Dienst, die treue Pflichterfüllung, die fruchtbare Leistung des ganzen Menschen glücklich macht.

Die Wissenschaft ist ernst und schwer; sie verlangt Hingabe und Treue. Mit Schnellpressengeschwindigkeit, wie manche törichte Demagogen sichs einbilden oder es lärmend fordern, läßt sie sich niemandem beibringen, am wenigsten dem Unvorbereiteten. Die beliebte anregende interessante Vorlesung, wöchentlich einmal abends, hat mit Wissenschaft wenig zu tun. Dieser naht Ihr erst, liebe Kommilitonen, durch das eigne Mitringen, naht Ihr um so sicherer, je schärfer Ihr Euch einsetzt. Lernen ist nicht Spielen. Die wahrhaft »fröhliche Wissenschaft« baut sich nur auf dem Untergrund der strengen Arbeit auf, die endlich schöpferisch wird. Es gibt nichts Froheres als diesen Augenblick. In der Seele der Jugend lebt heute besonders heiß der Wunsch, eine neue deutsche Welt zu schaffen. Das ist recht so. Aber Ihr erreicht sie nur, wenn Ihr in die große Schule des alten Deutschlands und Preußens geht, die Zukunft aus der Vergangenheit befruchtet. Nur ernste Erkenntnis, regsam und mühsam selbst errungen, die Euch nicht als billiges Geschenk in den Schoß fiel, gibt Euch die Freiheit, die Euch löst von dem Druck unfruchtbarer Masse und Mode. Der herrschende Zeitgeist, was man so modern nennt, ist immer veraltet, von gestern oder vorgestern, und führt ein moderndes Scheinleben. Seid frei durch jenen liebenden Ernst unermüdlichen persönlichen Strebens, der im rechten Deutschen das faustische Erbteil ist!

In den schlimmen Tagen, da man überall zweifeln möchte an den guten Geistern unseres Volks, sind wir akademischen Lehrer, das sollen wir dankbar bekennen, ungewöhnlich gut dran. Die Jugend der deutschen Hochschulen hat sich wohl bewährt: während wir sonst mit ernster Sorge auf verwildernde Jugend blicken, denen die wundervolle Volksschule der allgemeinen Wehrpflicht heute fehlt, dürfen Ihre Lehrer Ihnen im frohen Gefühl guter ehrlicher deutscher Gemeinschaft ins Auge blicken. Mein Vorgänger Weinhold sah sich damals vor 30 Jahren veranlaßt, die akademische Jugend sehr ernsthaft vor jenem Banausentum zu warnen, das nur auf die Examensforderungen den Blick heftet, und er hat demgegenüber zu dem treuen Fleiße gemahnt, wie er der idealen Auffassung des akademischen Studiums entspricht. Ich habe nicht den Eindruck, daß diese Mahnung heute besonders dringlich sei; ich bekenne aus meiner persönlichen Erfahrung, daß mir kaum je mein engerer Schülerkreis, mein Seminar wissenschaftlich und menschlich so nah gestanden hat wie gerade jètzt.

Ihr habt es nicht leicht: wie wenigen von Euch ist die sorglos heitere Sammlung gegönnt, mit der wir Alten in jungen Jahren die Hallen der Wissenschaft betreten durften! Und doch fühlen wir den kräftigen jugendlichen Hauch der Zukunft, der uns sonst in Deutschland so fremd geworden ist, durch die deutsche Hochschule wehen. Die Feinde haben unsere deutsche Staatsform, unser deutsches Heer und sonst alles, was unsere Stärke war, durch 1812 und 1813 gewitzigt, mit kluger Berechnung zerschlagen! Wir hoffen auf die deutschen Universitäten! Mögen sie berufen bleiben, den rettenden idealistischen Geist in ihrem Schoße zu nähren, den Geist, den einst der große Rektor des Jahres 1811, der Philosoph des Idealismus, gewaltig verkündete, auch er vom französischen Feinde überhört, den Geist der freien, schaffenden und sich selbst bildenden Persönlichkeit, den der geistige Vater dieser Hochschule, Wilhelm von Humboldt, über alles stellte!

Die deutsche Philologie bekennt sich zum deutschen Worte.

Haltet das deutsche Wort in Ehren! Aber der Faust, der mit dem Evangelium Johannis ringt, verharrt nicht bei dem Wortsinne von λóγος. Goethe, der Freund des Friedens, war doch zugleich der entschlossene Prophet der schöpferischen Tat. Die Irrlehre, daß die Tat Sünde sei, ob sie sich auch durch Tolstois des Slaven bedeutenden Namen und durch den Weisheitsmantel indischer Beschaulichkeit decke, mag sie auch für den Orient taugen: undeutsch ist sie durch und durch. Auch das zukunftsschwere Träumen des alten Reichs bewährte sich erst dadurch als wahrhaft deutsch, daß »wie der Strahl aus dem Gewölke, kam aus Gedanken zuletzt geistig und reif die Tat«. Die Wissenschaft der deutschen Philologie ist berufen, in Euch unserm ganzen Volke aus dem deutschen Worte den deutschen Geist, den deutschen Gedanken zu künden. Euer, der einst führenden deutschen Jugend, wartet die große Aufgabe, daß sich krönend, wie bei unsern Ahnen, aus dem deutschen Gedanken löse die schaffende deutsche Tat. Das walte Gott!

JULIUS PETERSEN

Literaturwissenschaft und Deutschkunde
[1924]

Die ehrenden Begrüßungen, die unserer Versammlung in dieser Stunde zuteil wurden, schließe ich ab mit dem Willkommensgruß der Friedrich-Wilhelms-Universität, die dieser Tagung gastfrei ihre Tore öffnete. Der alte Festraum der Hochschule umfängt uns Germanisten als ein Ahnensaal unserer Wissenschaft, wie ein heiliger Hain, in dem der Quell ihrer Geschichte rauscht. Von den Wänden dieses Saales grüßen im Bilde die Begründer unserer Wissenschaft, die in diesem Hause gewirkt haben: Jakob und Wilhelm Grimm schauen herab aus der Fensternische zur rechten Hand; zu Karl Lachmanns ehrwürdigem Haupt blick ich hinüber, wenn ich mein Auge nach links wende. So befinden wir uns in der Gesellschaft derer, die vor nahezu 80 Jahren, im September 1846, zur ersten Germanistenversammlung in Frankfurt a. M. mit den führenden Wissenschaftsvertretern der deutschen Geschichte und des deutschen Rechtes zusammentraten. Jakob Grimm als Forscher in drei Reichen stand damals an der Spitze; unter seiner Führung konnten die Kanäle vaterländischer Wissenschaft sich vereinen zu einem großen Strom, der den Zusammenfluß alles deutschen Wesens, die Zusammenhänge aller Lebensäußerungen des deutschen Geistes und die Ausprägung aller deutschen Art in sich begriff, dem die Liebe zur eigenen Vergangenheit und der Lebenswille der Zukunft sich beimischten und der im Grunde nichts anderes darstellte als ein Sinnbild der ersehnten politischen Einheit. Damals entstand als Frucht des in der klassischen Zeit begründeten nationalen Selbstbewußtseins und als Ausdruck des großen Organismusgedankens der Romantik und ihres geschichtlichen Sinnes der Begriff, für den unsere Zeit erst den Namen *Deutschkunde* gefunden hat.

Weder eine neue Wissenschaft noch eine neue Methode trat damit ins Leben; es war vielmehr eine durch nationalpädagogische Ziele zusammengelenkte Arbeitsgemeinschaft von Einzelwissenschaften, die im Bewußtsein gegenständlicher Verwandtschaft sich wechselseitige Erhellung und methodische Förderung versprechen durften. Sprachwissenschaft, Rechtswissenschaft, Geschichtswissenschaft verzichteten durch die Begegnung auf gemeinsamem Boden so wenig auf die allgemeinen Aufgaben ihres Eigendaseins, als heute Philosophie, Religionswissenschaft, Kunstwissenschaften, Länderkunde und Anthropologie ihre Selbständigkeit verlieren würden, wenn sie mit ihren deutschen Provinzen an solcher Gemeinschaft sich beteiligten.

Auch die allgemeine Literaturwissenschaft kann mit der Gesamtwissenschaft vom Deutschtum keineswegs zur Deckung gebracht werden. Umgekehrt als bei Wort und Begriff der Deutschkunde ging hier die Wortbildung der Begriffsentwicklung weit voraus. Das Wort Literaturwissenschaft ist alt; es war zunächst so gut wie bedeutungsgleich mit Philologie; es war eine Wissenschaft ohne nationale Bindung, deren Grundsätze auf Texte aller Sprachen anzuwenden waren. So hat *Karl Lachmann,* der das Nibelungenlied nach dem Vorbild der Homerkritik analysierte und von dem Mittelalter Analogieschlüsse auf das Altertum erhoffte, klassisches und deutsches Studium als eine Einheit betrachtet und Properz und Walther von der Vogelweide nach den gleichen Methoden ediert.

Jakob Grimm war sich des Richtungsunterschiedes, der zwischen seinem eigenen warmen Gemütsanteil und der kühlen Objektivität des Freundes lag, wohl bewußt; es war eine Verschiedenheit nicht nur des Temperamentes, sondern auch der Wissenschaftsauffassung, wie sie ähnlich in der Altertumswissenschaft durch Grimms Altersgenossen August Böckh und Lachmanns Lehrer Gottfried Hermann vertreten war. Jakob Grimms Gedächtnisrede auf Lachmann hat durch die berühmte Scheidung der Philologen in solche, die die Worte um der Sachen und solche, die die Sachen um der Worte willen treiben, diesen Gegensatz charakterisiert. Die weitere Ausführung der Antithese ersetzte dann, um Lachmann gerecht zu werden, »Wort« durch »Form« und wog die Vorzüge beider Richtungen mit mildem Ausgleich ab: »Denn jeder wird eingeständig sein, daß die Form mit dem Wesen einer Schrift und gar eines Gedichts innig zusammenhänge und auf allen Fall der eines großen Teils ihres wahren Gehalts sicher habhaft werde, dem es in diese Form einzudringen gelungen sei, während Rücksicht auf die Sache selbst von der Eigenheit einzelner Werke abzusehen und bienenartig auf den Honig bedacht zu sein pflegt, der aus mehrern zusammengesogen werden soll.«

Die Gegenüberstellung von Sache und Form trifft zusammen mit Schillers Dualismus zwischen Sachtrieb (später Stofftrieb) und Formtrieb, den die ›Briefe über ästhetische Erziehung‹ schließlich zum Gegensatz von »Leben« und »Gestalt« weitergebildet hatten. Wenn nun die »lebende Gestalt« des Kunstwerks diesen Gegensatz in schöpferischer Synthese aufhebt, so läuft die wissenschaftliche Behandlung des Kunstwerks doch wieder Gefahr, in Stückwerk zu zerfallen. Und gerade in der Gegenwart kommt der typische Zwiespalt der menschlichen Natur, der jeder Kulturwissenschaft eingeboren scheint, in methodischen Auseinandersetzungen wieder zu verschärftem Austrag; hier Sachwissenschaft, dort Formwissenschaft; hier unübersehbarer Reichtum des Lebens, dort vereinheitlichte Ordnung von Formtypen; hier Geschichte, dort Systematik; hier nationale Ausprägung, dort menschliche Allgemeingültigkeit. Im Lichte dieser auf wechselseitige Ergänzung angewiesenen Gegensätzlichkeit stellt sich uns nun der Unterschied zwischen Jakob Grimm und Lachmann dar, und ein gegensätzliches Begriffspaar gleicher Art, das in ständiger Wechselwirkung stehen muß, können die Worte Deutschkunde und Literaturwissenschaft bedeuten.

Was ist für die Gegenwart mit dem Wort *Literaturwissenschaft* gesagt, das teils als Ersatz für »Literaturgeschichte« in Aufnahme gekommen ist, teils geradezu ihr Widerspiel bedeuten soll? Wenn in dem kürzlich erschienenen Werk eines Romanisten (Emil Winkler, ›Das dichterische Kunstwerk‹) das literaturwissenschaftliche Grundproblem in der Aufgabe gesehen wird, das literarische Kunstwerk als etwas Gegebenes, Selbständiges ästhetisch zu erfassen und sowohl seine Entstehung als seinen Stoff und seine Idee zurücktreten zu lassen hinter der Bestimmung der ästhetischen Wirkung, so spricht sich darin nicht allein ein vollkommener Gegensatz zur historisch-genetischen Auffassung der Sachwissenschaft aus, die das Kunstwerk innerhalb des Kulturzusammenhanges betrachten will, sondern ein nicht geringerer Widerspruch gegen die Philologie, die der ästhetischen Erfassung nicht gerecht werden kann. Kein Zweifel, daß für die Gegenwart die Auseinandersetzung zwischen *philologischer* und *ästhetischer* Behandlungsweise sogar als die weit brennendere, grundsätzlich wichtigere und hitziger umstrittene Frage in Erscheinung tritt. Dieser Gegensatz aber kann sich vielleicht nur deshalb so zuspitzen, weil Philologie und Ästhetik die extremen Glieder der gleichen Reihe sind, denn beide gehören zur Formwissenschaft, indem sie das Einzelne zum Gegenstand haben und es nach allgemeinen Gesichtspunkten betrachten, während die Sachwissenschaft auf das Ganze gerichtet ist und es in seiner speziellen Struktur begreifen will. Trotz der gelegentlich zutage tretenden Geringschätzung braucht kein Wort darüber verloren zu werden, daß die Literaturästhetik auf die Arbeit der Philologie angewiesen ist, da die Zuverlässigkeit des Textes die unentbehrliche Grundlage jeder ästhetischen Untersuchung sein muß. Ebensowenig kann die entscheidende Bedeutung ästhetischer Gesichtspunkte für die höhere Kritik der Philologie geleugnet werden. Gleichwohl besteht der Gegensatz. Indem Philologie als Kritik des Wortlauts und Ästhetik als Kritik der Wirkung die denkbar größte Spannung innerhalb der formwissenschaftlichen Reihe darstellen, bezeichnen sie zugleich die Grenzpunkte der Entwicklung, die deutsche Literaturwissenschaft innerhalb eines Jahrhunderts durchlaufen konnte.

Zwischen dem philologischen und ästhetischen Prinzip steht vermittelnd das *psychologische,* das die Form der Dichtung aus der Lebensform des Schöpfers erklärt, typische Kunstformen mit typischen Geistes- und Weltanschauungsformen in Parallele bringt und durch den Erlebnisbegriff zum nationalen und geschichtlichen Zusammenhang die Brücke schlägt. Die Verbindungslinie zwischen den Extremen der Philologie und der Ästhetik verläuft demnach als eine Ausbiegung nach Seite der Sachwissenschaft.

Die Literaturgeschichte ist die Mittlerin, indem sie das von der Philologie bereitete Textmaterial übernimmt, ordnet, in geschichtlichen Zusammenhängen deutet und nach Wirkungszusammenhängen in Folge bringt, um dann dasselbe Material in der von ihr getroffenen Auslese zur ästhetischen Betrachtung weiterzugeben. Die Ästhetik übernimmt die Auslese, aber sie ist bestrebt, dieses Material aus allen den Zusammenhängen, in die die Literaturgeschichte es gestellt hatte, wieder herauszulösen. So müßte vom Standpunkt der reinen Formwissenschaft aus die Arbeit der Literaturgeschichte als beinahe zwecklos erscheinen (wie es auch heute gelegentlich zu hören ist), wenn sie nicht auf der anderen Seite durch ihre Verkettung mit der Sachwissenschaft dieser die wertvollsten Dienste leistete. Weil nämlich nur innerhalb einer Nationalkultur und Sprachgemeinschaft dieses Material in stetiger geschichtlicher Folge und engem Wirkungszusammenhang gesehen werden kann, ist zunächst überhaupt nur eine nationale Literaturgeschichte möglich, die sich jenem kulturkundlichen Zusammenhang eingliedert, den wir für unseren Lebenskreis als Deutschkunde bezeichnen.

Die nationale Literaturgeschichte ist demnach die sachwissenschaftliche Vermittlerin zwischen den formwissenschaftlichen Gegenpolen der Philologie und der Ästhetik. Philologie und Ästhetik sind die beiden Flügel des Baues, die seine Struktur bestimmen und begrenzen. Betrachten wir dies Verhältnis entwicklungsgeschichtlich, so können wir sagen: Zwischen den Anfangs- und Endpunkten einer reinen Philologie, wie sie Lachmann vertrat, und einer reinen Ästhetik, wie sie heute vielfach gefordert wird, liegt die Geschichte der deutschen Literaturgeschichte.

Der junge *Herder* hatte in seinem Fragment ›Von der griechischen Literatur in Deutschland‹ die Stationen bestimmt und die Rollen verteilt unter den an einer allgemeinen Literaturwissenschaft beteiligten Disziplinen. »Studieren heißt zuerst den *Wortverstand* erforschen, und das so gründlich, als es zu folgenden Stücken gehört: man suche aber auch mit dem Auge der *Philosophie* in ihren Geist zu blicken: mit dem Auge der *Ästhetik* die feinen Schönheiten zu zergliedern . . ., und dann suche man mit dem Auge der *Geschichte* Zeit gegen Zeit, Land gegen Land und Genie gegen Genie zu halten.«

In der wissenschaftlichen Beurteilung der deutschen Literatur verschob sich diese Reihenfolge, indem die Geschichte der Philosophie und Ästhetik zuvorkam. Die erste große Gesamtdarstellung der deutschen Literatur war das Werk eines Historikers, der seine Aufgabe sogar, wie wir sagen dürfen, in extrem deutschkundlichem Sinne auffaßte. Georg Gottfried *Gervinus*, einer der Teilnehmer an jener Germanistentagung von 1846, war als politischer Historiker zur Literatur gekommen und in der Literaturgeschichte Historiker geblieben. Nicht die großen Künstler, sondern die gesinnungsstarken Ideenträger und Repräsentanten des Zeitgeistes waren seine Helden, der Volksgeist in seiner nie versiegenden Kraft das durchgehende Thema und Leitmotiv seines Aufbaus. Das Zeitlose und Überzeitliche blieb gleichgültig; einem Hölderlin wurde mit Verständnislosigkeit, einem Goethe mit Abneigung begegnet. Namentlich die Goethische Idee einer Weltliteratur wurde bekämpft; nur das Eigenleben der Nationalliteratur sollte gesucht werden. Mit ästhetischer Kritik wollte Gervinus nichts zu tun haben; schon 1833, als er von der Literaturgeschichte als einer werdenden Wissenschaft sprach, wollte er die Ästhetik nur als Hilfsmittel gelten lassen, etwa in der Bedeutung, die für den Historiker die Politik habe. Tatsächlich aber war selbst dem Literarhistoriker Gervinus die Politik viel wichtiger als die Ästhetik: die ästhetische Erziehung, das Ideal der klassischen Zeit, hatte das ihre getan; nun sollte die Literaturgeschichte als »Stimme der patriotischen Weisheit und Verbesserin des Volkes«, wie Herder sie genannt hatte, zu nationalem Selbstbewußtsein und tatkräftigem Wollen, zu Staatsgesinnung und politischer Arbeit am Aufstieg der Nation wirken. Von der Dichtung schien für die Zukunft nichts mehr zu erhoffen; die höchste Blüte der Literatur gehörte der Vergangenheit an; »unsere Dichtung hat ihre Zeit gehabt; und wenn nicht das deutsche Leben still stehen soll, so müssen wir die Talente, die nun kein Ziel haben, auf die wirkliche Welt und den Staat locken, wo in neue Materie neuer Geist zu gießen ist«. So ist im vierten Bande der ›Geschichte der deutschen Nationalliteratur‹ zu lesen, das heißt mit anderen Worten: »Die Literatur ist tot; es lebe die Literaturgeschichte als Erweckerin zum tätigen Leben.«

Eine merkwürdige Mischung von romantischen und jungdeutschen Tendenzen. Romantisch ist der rückgewandte historische Sinn und die Ideologie des Volksgeistes; jungdeutsch ist die Richtung auf das politische Leben der Gegenwart. Jungdeutsch gebärdete sich Gervinus gegenüber den Romantikern; romantisch gegenüber den Jungdeutschen, deren verwandte Ziele er verkannte. Gerade *die* Kräfte seiner Zeit, die er der Dichtung entziehen und dem politischen Leben zuführen wollte, waren ja innerhalb der Zeitdichtung um dieselbe Gegenwartsforderung politischer Zielsetzung bemüht. Um so schmerzlicher mußte die Verleugnung der Zeitdichtung ihre Vertreter treffen. Mit den dichtenden Zeitgenossen hat Gervinus es gründlich verdorben, indem er die deutsche Literatur mit Goethes Tod aufhören ließ, und es blieb nicht allein beim Widerspruch gegen seinen Historismus, sondern der Protest gewann praktische Gestalt, indem sich nun gerade die jungdeutschen Literaten und politischen Dichter (Robert Prutz, Heinrich Laube, Theodor Mundt, Rudolf Gottschall) der Literaturgeschichte annahmen und dabei den Schwerpunkt auf das Feld verlegten, das bei Gervinus links liegen geblieben war, auf die Literatur der Gegenwart. An Stelle der geschichtlichen trat zeitgeschichtliche Betrachtung, und in ihrem Gefolge stellten sich notwendigerweise die Ausblicke her, denen Gervinus sich verschlossen hatte: ästhetische Kritik und Berücksichtigung der internationalen Beziehungen. Große Gesamtdarstellungen des ganzen Organismus der Nationalliteratur wurden von dieser Generation nicht geschaffen, aber wenn einmal eine geschichtliche Periode in ganzem Umfange erfaßt wurde, wie es *Hermann Hettner* für das 18. Jahrhundert unternahm, da geschah es im Querschnitt der ganzen europäischen Literatur unter Aufgebot aller ästhetischen und philosophischen Beziehungen, unter Berücksichtigung der Wechselwirkungen mit anderen Künsten und in der ausgesprochenen Absicht, nicht Geschichte von Büchern, sondern Geschichte von Ideen zu geben.

Gerade das, was für Gervinus nebensächlich erschienen war, die ästhetische und ideengeschichtliche Grundrichtung, in der der *Zeitgeist* sich charakterisierte, wurde nun zur Hauptsache; aber das, was den großartigen Aufbau seiner ›Geschichte der deutschen Nationalliteratur‹ zusammengehalten hatte, der Organismusgedanke, die Zusammenfassung der ganzen deutschen Literatur als eine im *Volkstum* gegebene Einheit, diese deutschkundliche Zentralidee ging den Nachfolgern verloren. Diesen Gedanken hat erst *Wilhelm Scherer* wieder aufgenommen, vor dessen Auge von neuem der Begriff einer universellen Wissenschaft vom Deutschtum stand, die Grammatik, Literatur, Charakter- und Kulturgeschichte des Volkes zusammenfassen und aus der historischen Selbsterkenntnis geradezu ein System nationaler Ethik gewinnen wollte.

Scherer kam von der Sprachwissenschaft und Textphilologie her, Jakob Grimm und Müllenhoff waren seine Lehrer. Aber die Romantik, aus deren Geist die germanistische Wissenschaft hervorgegangen war, bedeutete ihm bereits ein verklungenes Märchen. Nicht die Geschichte, sondern die Naturwissenschaft war die führende Disziplin seiner Zeit; ihr an Exaktheit der Methoden und Sicherheit der Ergebnisse gleichzukommen, schien das Kriterium der Wissenschaftlichkeit überhaupt. An Stelle der inneren Gesetze, denen sich die Darstellung des Gervinus unterworfen hatte, mußte eine äußere Gesetzmäßigkeit treten, die in geschichtsphilosophischer Konstruktion und in einer neuen Zuwendung zur Formwissenschaft erstrebt wurde. Auch der Ästhetik gegenüber nahm Scherer nicht die ablehnende Haltung des Gervinus ein. Er wollte zwischen Literaturgeschichte und Ästhetik keinen feindlichen Gegensatz anerkennen; ein Streit zwischen beiden Wissenschaften konnte nach seiner Meinung nur ausbrechen, wenn eine von ihnen oder beide auf falschen Wegen wandelten. Den falschen Weg der Ästhetik sah er in ihrer spekulativen Richtung; eine empirisch von unten aufbauende Ästhetik war die Forderung der Zeit. Er selbst ging nach Abschluß seiner Literaturgeschichte daran, ihr in der ›Poetik‹ eine Theorie der Dichtung zur Seite zu stellen, deren Wesen aber charakteristischerweise aus ihrer Entstehung erschlossen werden sollte: die dichterische Hervorbringung, die wirkliche und mögliche, vollständig zu beschreiben in ihrem Hergang, ihren Ergebnissen, ihren Wirkungen, war das Ziel, dessen naturwissenschaftliche Bedingtheit sich schon durch die Forderung »vollständiger Beschreibung« verrät.

Scherers skizzenhaftes Kollegheft einer ›Poetik‹, das seine naturalistische Enge deutlicher verrät als die ›Geschichte der Literatur‹, deren positivistischer Schematismus durch die lebensvollen Farben der Darstellung gedeckt wird, hat wenig fruchtbare Wirkung ausgeübt; es ist erdrückt worden durch die Bausteine, die *Wilhelm Dilthey* gleichzeitig in seiner Abhandlung ›Von der Einbildungskraft des Dichters‹ zusammentrug. Die Werke der beiden Freunde, die sich als Arbeitsgenossen fühlten und, von verschiedenen Methoden ausgehend, schließlich zusammenzutreffen und sich gegenseitig zu stützen hofften, sind indessen nicht so grundverschieden, wie man gemeinhin denkt. Auch Dilthey suchte zunächst naturwissenschaftliche Gesetzlichkeit. Im Dezember 1886 bekannte er in einem Brief an den Grafen Yorck v. Wartenburg fast verzweifelt, wie lange er mit der Drucklegung gezögert habe, weil er immer noch hoffte, eine Entdeckung wie die des Lautgesetzes auf dem Gebiet der Grammatik infolge seiner analytisch hergestellten Elementarvorgänge machen zu können: »sie schwebt vor mir her: ich muß indes darauf verzichten, sie zu erzwingen, sondern hoffen, daß später ein glücklicher Augenblick mich beschenkt«. Ein tief erschütterndes Bekenntnis faustischen Suchens nach dem Stein der Weisen! Wie Schiller einstmals das Wesen der Schönheit fassen wollte, so sollte hier die Einsicht in den Schaffensvorgang auf eine das *Wesen* der Dichtung erschließende Formel gebracht werden. Es ist nicht geglückt. Diltheys Forschen endete nach dieser Richtung hin in Resignation; im Alter sprach er von historischem Skeptizismus und Anarchie der Werte, von der Unmöglichkeit, die Fülle der historischen Individualitäten zu systematisieren und die ganze geschichtlich-gesellschaftliche Art nach Allgemeinbegriffen zu ordnen und zu erklären. Was möglich bleibt, ist, zwischen der generellen, rationalen Psychologie des Experimentes und der irrationalen Individualpsychologie des Nacherlebens ein Zwischenreich zu gründen in einer beschreibenden, vergleichenden Psychologie, die zur Erkenntnis geistesgeschichtlicher Weltanschauungstypen gelangt.

In Dilthey war der Philosoph hervorgetreten, unter dessen z. T. posthumer Nachwirkung die neueste Entwicklung der deutschen Literaturwissenschaft den Weg zur begrifflichen Ordnung und zur Gliederung geistesgeschichtlicher Zusammenhänge geschritten ist. Dilthey selbst hat als Literarhistoriker eigentlich nur in der Individualpsychologie, in der erlebten Darstellung der inneren Struktur und des seelischen Werdeganges einzelner großer Persönlichkeiten seine Meisterschaft entwickelt. Im Jahre 1895 hatte er eine Sammlung ›Dichter als Seher der Menschheit‹ geplant, worin unter höchsten pädagogischen Gesichtspunkten die Literaturgeschichte »einen Impuls in die Tiefe des menschlichen Bewußtseins« erfahren sollte. Diesen richtunggebenden Anstoß hat zehn Jahre später die Sammlung ›Erlebnis und Dichtung‹ ausgeübt, die unter Beschränkung auf die deutsche Dichtung nur einen Teil des ursprünglichen Planes durchführte. In einer Zeit, da die Monographie zur Hauptaufgabe literarhistorischer Darstellung geworden schien (als notwendige Zusammenfassung der in großen Ausgaben und biographischen Einzeluntersuchungen getroffenen Vorarbeiten), verhalf dieses Vorbild zur Befreiung von der Überlast des Stofflichen und zur Herausarbeitung des geistigen Gehaltes. So haben wir es denn in den letzten Jahrzehnten erlebt, daß die Monographie, fortschreitend von realistischer zu idealistischer Methode, den historischen Zusammenhängen immer mehr entwuchs und auf die Erkenntnis des wesentlich Zeitlosen, des Persönlichkeitswertes, auf die Konstruktion des geistigen Sinnes, des begrifflich Erfaßbaren, ja des Formelhaften einer Existenz ihren Schwerpunkt verlegte.

Damit liegt der Weg zu neuer Synthese offen. Hatte die erste Entwicklungsphase der Literaturgeschichte von der großen Gesamtdarstellung über Periodendarstellung zur Einzeldarstellung geführt, so wird die neue geistesgeschichtliche Zielsetzung wieder von der Individualität über den Typus zur Totalität emporsteigen müssen. Der gegenwärtige Stand unserer Wissenschaftsbestrebungen läßt die Ankunft auf der zweiten Entwicklungsstufe erkennen, denn keine Aufgabe scheint den neuesten literaturwissenschaftlichen Richtungen wichtiger als die Bestimmung des Wesens, der geistigen Einheit und der Ausdrucksform einer Altersgemeinschaft, einer literarischen Gruppe oder eines Zeitalters, sei es Barockzeit, sei es Aufklärung, sei es Sturm und Drang, Klassik oder Romantik.

Wie verschieden die Wege verlaufen, die zu solcher Wesensbestimmung eingeschlagen werden, zeigt vielleicht am besten die gegenwärtige Bemühung um die begriffliche Erfassung der *Romantik*. Drei Richtungen heben sich deutlich erkennbar voneinander ab: eine *ethnologische,* die die Kräfte des Blutes, des Stammes und des Heimatbodens in der Dichtung zum Ausdruck kommen läßt und die deutsche Romantik als eine Renaissance des Ostens, als eine geistige Bewegung der erwachenden Neustämme des Kolonisationsgebiets zu erklären sucht (Nadler); eine *ideengeschichtliche,* die in der Romantik den Höhepunkt der in den verschiedenen europäischen Ländern im 18. Jahrhundert durchbrechenden irrationalen Geistesströmung erblickt (Unger, Korff); eine *ästhetische,* die alle romantische Stilform durch die Grundidee der Unendlichkeit und ihre Gegensätzlichkeit zum Begriff der Vollendung bestimmt sieht (Strich). In einem Fall muß die Romantik als eine nationale, im zweiten als eine europäische, im dritten als eine allgemein-menschliche, um nicht zu sagen metaphysische Tatsache betrachtet werden.

Ohne Kritik der Einseitigkeiten, in die jede dieser Richtungen verfallen müßte, wenn sie zur Alleinherrschaft käme, möchte ich hier nur andeuten, daß ihr Widerspruch allein durch eine *dreidimensionale Betrachtung* aufgehoben werden kann. In den beiden ersten Richtungen leben alte romantische Begriffe wie Volksgeist und Zeitgeist wieder auf. Die Basis des Volkstums, der angestammten Art, des ererbten Temperaments, des bodenständigen Heimatsinnes, der hergebrachten Sitte, der Mundart, der ständischen Formen liegt als ein konservatives Element in der Dimension der *Breite.* Dagegen wird ein Antrieb zur *Höhe* durch die Ideenrichtung der Zeit in Schwung gebracht, die in einheitlicher Bewegung alle gleichzeitigen Lebensäußerungen der verschiedensten Nationen gleicher Kulturstufe erfaßt. Der Volksgeist ist stetig, der Zeitgeist dem Wechsel unterworfen; die Entwicklungsmöglichkeit des Volkstums ist bei aller Langsamkeit der Fortbildung an sich unendlich; dagegen gibt es nur eine begrenzte Zahl von Windrichtungen, und die geistigen Bewegungen müssen periodisch wiederkehren. So stellt sich der horizontale und vertikale Zusammenschluß des Gerüstes als eine ständige Auseinandersetzung zwischen Beharrlichkeit und Fortschritt dar; die Entwicklung dieses Verhältnisses aber können wir nur in der *Längendimension* verfolgen, gemessen nach dem Zeitmaß, das für geistesgeschichtliche Betrachtung allein möglich ist, nach dem der Generation. Die Altersgemeinschaft der Menschen stellt als Ergebnis gleicher Bildungseinflüsse und Erlebniseindrücke eine Einheit dar, die wie der Jahrgang eines Weines auch bei verschiedenartiger Kreszenz herauszuschmecken ist. Wie die heiligen drei Könige folgen die Glieder einer Generation demselben Stern und treffen so, ohne voneinander gewußt zu haben, zusammen. Die nächstfolgende Generation aber sieht ihren Leitstern wieder an einer anderen Stelle. Diese Gegensätzlichkeit der Generationen bedingt den Rhythmus der Entwicklung und läßt den regelmäßigen Richtungswechsel zwischen den Gegenpolen, das wogende Auf und Nieder von Realismus und Idealismus, Objektivität und Subjektivität, Rationalismus und Irrationalismus, Einfühlung und Abstraktion, Statik und Dynamik, Vollendung und Unendlichkeit und wie die gebräuchlichen Begriffspaare alle heißen, verständlich werden. Durch die einfache Polarität eines dieser Begriffspaare aber ist der Rhythmus der geistigen Bewegung keineswegs zu erfassen, da die Entwicklung nicht eine mechanische Pendelbewegung zwischen zwei Extremen darstellt. Für das Verhältnis der aufeinanderfolgenden Generationen bietet sich vielmehr mindestens dreifache Möglichkeit: entweder die schroffe *Antithese* einer polaren Reaktion oder die *Synthese* der zwischen den beiden vorausgehenden Generationen bestehenden Gegensätze oder endlich die Aufhebung des Gleichgewichtes durch *Steigerung*. Um ein Beispiel dieser Folge zu geben, stellt sich Sturm und Drang als Antithese zur Aufklärung dar, die Klassik als Synthese zwischen rationalem und irrationalem Prinzip und die Romantik als die Steigerung der im deutschen Wesen wurzelnden Unendlichkeitstendenz über das klassische Gleichmaß hinaus. Damit erklärt sich nun auch, daß die Romantik in anderen Ländern zu früherem oder späterem Zeitpunkt einsetzte und ganz anderes bedeutete als in Deutschland: teils weil (wie in England) gar keine Klassik unmittelbar vorangegangen war, teils weil (wie in Frankreich) die Auflösung der Form nicht dem Nationalcharakter entsprach. Es zeigt sich weiter an diesem Beispiel, daß jede Nation ihren eigenen durch äußere Schicksale und Nationalcharakter bedingten Rhythmus geistiger Bewegung besitzt, dessen Immanenz zu ergründen eine weitere Aufgabe der Geistesgeschichte sein wird.

Unmöglich kann die neue geistesgeschichtliche Richtung der deutschen Literaturwissenschaft, die sich bisher fast ganz an die philosophische Entwicklungslinie von Leibniz bis Hegel gebunden hielt, bei der geistigen Erfassung einzelner Perioden stehen bleiben. Gebieterisch stellt die durch Wilhelm Dilthey aufgeworfene Problematik das größere Ziel, dem inneren Gesetz der Gesamtentwicklung des deutschen Geistes auf die Spur zu kommen.

Wenn Dilthey in seiner positivistisch beeinflußten Entwicklungsphase noch ein *Gesetz* der Poetik zu finden hoffte, das dem grammatischen Lautgesetz an die Seite zu stellen wäre, so war er vielleicht des Glaubens, einen ähnlichen Kreislauf, wie ihn die Verschiebung der indogermanischen Tenues, Aspiraten und Medien nach primitiver, heute berichtigter Erkenntnis darstellte, zwischen den drei Begriffen Persönlichkeit – Weltanschauung – Kunstwerk zu ermitteln. Die Persönlichkeit schafft ihrem Weltanschauungserlebnis Ausdruck im Kunstwerk. Das Kunstwerk verhilft in erziehender Wirkung der Persönlichkeit zur Weltanschauung. Weltanschauung wirkt durch das Kunstwerk auf die Persönlichkeit. Der Zusammenhang zwischen diesen drei festen Punkten des poetischen Schaffensprozesses wiederholt sich mit vergrößernder Projektion in den Kollektivbegriffen Generation – Ideenrichtung – Stil. Wie die persönliche Individualität einen Menschen mit seinem Widerspruch darstellt, so bedeutet die Generation eine Einheit mannigfaltiger Individualitäten. Und so muß schließlich auch die Vielheit zahlloser Generationen über alle räumliche und zeitliche Trennung sich als die Einheit eines Volksganzen begreifen lassen. Ist dieser große Zusammenschluß, über den nur noch die Dreiheit Menschheit – Geist – Dichtung hinausreicht, gewonnen, so wird sich endlich der Lebensprozeß der ganzen deutschen Literatur in der stetig wirkenden Beziehung von deutschem Volkstum – deutschem Geist – deutscher Dichtung erfassen lassen. Und der Wirkungszusammenhang rundet sich zum Kreislauf, wenn wir die Dichtung als die Erzieherin des Volkstums begreifen.

Mit solcher Zielsetzung mündet die Wissenschaft von der deutschen Literatur in vollem Umfange in den großen Strom des allumfassenden Begriffes Deutschkunde. Die alte Verbindung mit den Wissenschaften vom deutschen Recht, von deutscher Kunst, von deutscher Geschichte und allen anderen, die den Gegenstand des deutschen Geistes und den Boden des Volkstums gemeinsam haben, erneuert sich. Dieser Zusammenschluß bedeutet aber keinen Abschluß gegenüber dem großen europäischen Kulturzusammenhang. Vielmehr bestimmt sich die Eigenart des deutschen Geistes ja erst durch die Rolle, die ihm im Zusammenspiel der Kulturnationen, im Parallelismus der geistigen Strömungen, in der Wechselwirkung des Empfangens und Gebens, der gegenseitigen Befruchtung und des Wettbewerbes mit andern Völkern zuteil wird. So muß die Deutschwissenschaft in engstem Zusammenhang bleiben und mit den als Neuphilologie bezeichneten Wissenschaften, die in kulturkundlicher Umfassung ihres Bereiches jetzt die gleiche Totalität erstreben, die einstmals nur die Altertumswissenschaft für sich in Anspruch nahm. Mit ihren Vertretern haben wir uns in dieser Tagung vereinigt.

Vor Jahrzehnten wollte man eine vergleichende Literaturgeschichte ins Leben rufen, die in stoffgeschichtlichen Aneinanderreihungen sich verzettelte. Aber was kann ein Vergleich zwischen einzelnen Werken verschiedener Literaturen für einen Sinn haben, wenn nicht der ganze große Kulturzusammenhang der Nation hinter dem einzelnen Werke steht und sich in ihm erfassen läßt. Erst von Nationalgeist zu Nationalgeist kann vergleichende Literaturwissenschaft fruchtbar werden. Erst dann bietet sich die von Herder ans Ende gesetzte Aufgabe, mit dem Auge der Geschichte Zeit gegen Zeit, Land gegen Land und Genie gegen Genie zu halten.

Außerhalb der großen, hier gesehenen Zusammenhänge würde nur eine Literaturwissenschaft bleiben, die nichts weiter sein wollte als reine Ästhetik. Aber eine abstrakte Stilkunde würde im luftleeren Raum bauen, wenn sie nicht den Lebenszusammenhang mit der Kultur beachtete, der bei der Dichtung inhaltlich und formal eben ein viel engerer ist als bei den anderen Künsten. Dichtung ist Sprache gewordener Geist, so wie Sprache die Substanz der Dichtung darstellt. Die Sprache erst füllt den dreidimensional umrissenen Raum mit wahrem Leben aus. Und die Sonderstellung der Dichtung im System der Künste kann man nur verkennen, wenn man die Sprache als totes Material der Kunst auffaßt und nicht als Kunst selbst.

Heute nun kommt eine idealistische Sprachwissenschaft, die vom Mechanismus naturwissenschaftlicher Betrachtung erlöst ist, der Literaturwissenschaft aufs neue entgegen und knüpft das alte gelockerte Band des organischen Zusammenhanges wieder fester. Sie wirbt in Würdigung des schöpferischen Sprachgeistes auch um die Ästhetik, die ohne sprachwissenschaftliche Einsicht gar nicht imstande ist, die besondere Problematik einer literarischen Stilkunde zu erfassen. So muß auch die letzte Trennung von Form- oder Sachwissenschaft fallen, wenn Leben und Gestalt wie im Kunstwerk in wahrer Kunstwissenschaft eins werden. Und wir sehen schließlich allumfassend vor uns das Schauspiel des deutschen Geistes im Zeichen eines riesenhaften Makrokosmos:

> Wie alles sich zum Ganzen webt,
> Eins in dem andern wirkt und lebt!

Rätselhaft, undurchdringlich, die Quellen allen Lebens versprechend und doch verhüllend! Und wenn es uns gelänge, das letzte Geheimnis des Bildes zu entschleiern, was würden wir schauen? Nach den Worten des Novalis: Wunder des Wunders: uns selbst!

»Erkenne dich selbst!« steht auch über dem Nationalheiligtum, das unserem Volke in seiner Dichtung geöffnet ist. Es ist das Gebot der Stunde, der Abschluß des Rückblickes in die Vergangenheit und der erste Augenaufschlag des Blickes in die Zukunft. Wenn ich mir nun versagen muß, zu entwickeln, wie Deutschwissenschaft in deutsche Bildung umzusetzen ist, wie die Bildungswerte der Selbsterkenntnis zu den Lebenswerten des Selbstgefühls und Selbstbewußtseins gesteigert werden können und wie sich das von Scherer geforderte System einer nationalen Ethik verwirklichen kann, so vermag ich nur von Ferne hinzuweisen auf die *nationalpädagogischen Aufgaben,* die bei jener ersten Germanistentagung des Jahres 1846 im Vordergrunde standen und die gewiß heute keine geringere Bedeutung haben als damals. Das Wort, das jetzt für den damals bereits geschaffenen Begriff in Aufnahme gekommen ist, das Wort Deutschkunde (mancher nimmt daran Anstoß) schmeckt nach Pädagogik. Es ist aus dem Sprachgebrauch der Schule empfunden, die aus ihrem Lehrbedürfnis zur gleichen Zielsetzung gelangen mußte, zu der die Wissenschaft zurückkehrt. Die Schule mußte in gewissem Sinne vorangehen, da bei ihr die enge Arbeitsgemeinschaft verwandter Fächer dringendes Gebot ist, während ihre praktische Organisation in der Wissenschaft vielfach noch Wunsch bleibt. Sind die oft geforderten Forschungsinstitute der Nationalwissenschaft an den Hochschulen noch ein Traum der Zukunft, so kann jede höhere Schule ein solches Forschungsinstitut im kleinen bereits heute vergegenwärtigen. Das bedeutet für die Schule als gewaltige Forderung eine Erhöhung ihres wissenschaftlichen Lebens, wie es für die Wissenschaft den Ruf nach Verstärkung ihrer pädagogischen Wirkung und Zusammenfassung bedeutet.

Die Wissenschaft, die im Leben wurzelt und heute, wie kaum zuvor, den Drang auf das Leben zu wirken in sich trägt, kann dem Rufe der Nationalpädagogik sich nicht versagen. Selbsterziehung aus Selbsterkenntnis muß heute die größte, die heiligste, die rettende Aufgabe unseres gesunkenen Volkes sein. Wie sollen andere Völker uns verstehen lernen, wenn wir uns selbst nicht verstehen? Wo können wir besseres Selbstvertrauen hernehmen als aus unserer Sprache, dem letzten Gemeinbesitz aller Deutschen, deren unerschöpfliche, schöpferisch immer neu sich bereichernde Urkraft den Verflachungen der Zivilisation noch immer siegreich widersteht und in sich die Bürgschaft der Auferstehung trägt? Wo können führerlos wir besser leitende Kräfte hernehmen als aus der vaterländischen Geschichte und aus dem Nacherleben großer Persönlichkeiten unserer Vergangenheit? Wo können wir, verloren in materialistischem Chaos, besser uns selbst finden, als im Spiegel unserer Dichtung, der uns in Wahrheit unser besseres Selbst entgegenträgt als ein zielweisendes Idealbild unserer Bestimmung, der wir folgen müssen, auf daß das Wort erfüllet werde, das einstmals der erste Rektor dieser Hochschule sprach, der große Nationalerzieher Johann Gottlieb Fichte: »Wir müssen werden, was wir ehedem sein sollten, Deutsche!«

Emil Ermatinger

Die deutsche Literaturwissenschaft in der geistigen Bewegung der Gegenwart
[1925]

[...]

Aber was der Literaturgeschichte heute nottut, ist ja gar nicht ein Ausspielen von Methoden gegeneinander, sondern ein Wandel der Gesinnung von Grund auf. Jede Methode ist unfruchtbar, die nur auf formalen Erwägungen beruht, die nicht auf weltanschaulichem Boden organisch gewachsen ist. Das ist der Grund, warum heute die literaturgeschichtlichen Werke des Georgeschen Kreises, Gundolfs Goethe, Bertrams Nietzsche, Hankamers Böhme vor allem so stark wirken. Geist sprüht hier zum Geist, Ideen glühen auf und senden ihre Strahlen über die Welt, Bekenntnisse werden abgelegt und entzünden die Seelen, Metaphysik hat die Psychologie verdrängt, Kunst hat den Ausdruck der Kunst gefunden. Literaturgeschichte ist, aus der bloßen Technik einer Handwerkergilde, wieder eine geistige Angelegenheit der Öffentlichkeit geworden.

Eine Gefahr freilich droht hier. Bertram hat sie klar ausgesprochen in der »Legende« überschriebenen Einleitung zu seinem Nietzschebuche. Wo die positivistische Geschichtschreibung der materialistischen Zeit in naivem Realismus die »Wirklichkeit« zu ergründen meinte, da endet der Georgesche Idealismus, in Anlehnung an Nietzsche, bei vollendeter Skeptik. »Was schon für alles Geschriebene gilt: sein legendärer Charakter – um wieviel mehr gilt es von allem Geschehenen. Niemals und nirgends ist es in voller Wirklichkeit ›auf Erden erschienen‹; sein Bild, heilig oder unheilig – aber jedes Bild wird zuletzt ›göttlich‹, nämlich zum Bilde

Gottes, wie der Mensch selber – muß immer ›noch vollendet werden‹. Alles Geschehene will zum Bild, alles Lebendige zur Legende, alles Wirkliche zum Mythos. Und so ist alles ein Mythos, was wir vom Wesen der Menschen aussagen können, deren Gedächtnis auf die Lebenden gekommen ist.«

Wissenschaft als Mythologie – das bedeutet einen gewaltsamen Einbruch des formenden Künstlergeistes in die Bezirke der Wissenschaft. Denn Mythos ist nicht ein Gebilde der Wissenschaft, die das Rätsel der Welt in begrifflicher Allgemeinsprache zu formulieren sucht, sondern ein Erzeugnis persönlicher Phantasie, die es in anschaulichen Gestalten deutet. Mit wissenschaftlichen Begriffen und Gedanken kann man sich, sei es zustimmend, sei es ablehnend, auseinandersetzen; die wissenschaftliche Sprache ist ein Volapük, das jeder mit den entsprechenden Voraussetzungen verstandesmäßig begreifen kann. Die Gebilde einer Mythologie aber sind Geschöpfe des Glaubens und des unmittelbar-persönlichen Erlebens. Über ihre Inhalte zu streiten, ihre Wahrheit zu bejahen oder zu verneinen, ist sinnlos, da es hier, mit dem Fehlen der Verstandessprache, eine Verständigung nicht gibt. Man kann die Gebilde als Ganzes, Inhalt und Form, Idee und Gestalt, nur entweder aus gleichem Erlebnisgrunde annehmen, befruchtende und beglückende Bestätigung eigenen Wesens im Kampfe mit der Welt in ihnen gewinnen, oder aber sie als feindliche und fremde ablehnen. Wissenschaft als Mythologie, das hieße nichts anderes, als den stetigen Fluß wissenschaftlicher Diskussion und die innere Verflechtung ihrer Ideen vertauschen mit einer Galerie von selbständigen Weltanschauungsbildern, deren jedes der in sich und nach außen abgeschlossene Ausdruck einer eigenen Persönlichkeit ist.

Dazu kommt, daß auch der Idealismus des Georgeschen Kreises, trotz allem Beschwören des Geistes, im Grunde noch ein verkappter Nominalismus ist. Das beweist Gundolfs Einleitung zu seinem ›Goethe‹, wo von der dichterischen Gattung (»im Altertum genos«) ausgesagt ist, sie bedeute in der modernen Welt nicht mehr »Formen mit immanenten Gesetzen, welche sich selbst aus jedem spezifischen Gehalt ihre Verleiblichung schaffen..., sondern nur noch begriffliche Einteilungsprinzipien, mit denen die Gelehrten der Stoffülle Herr zu werden suchen«: das beweist aber auch Bertrams skeptische Auffassung der Geschichte als Legende und Mythos.

Hier also gilt es, scheint mir, eine Synthese zwischen dem Ich und dem Gegenstand, zwischen dem Künstlerisch-Schöpferischen der Persönlichkeit und dem Begrifflich-Verständigen in der Feststellung des Tatsächlichen. Diese Synthese kann nur gefunden werden durch Öffnung des Geistes und des Herzens für die große Aufgabe, die die Gegenwart als Kampf zwischen Vergangenheit und Zukunft der Volksgemeinschaft als Ganzem stellt. Vergangenheit in ihrer jüngsten Form bedeutet für uns entseelte Körperlichkeit, erstarrte Gestalt. Die geschichtliche Betrachtung lehrte uns, daß stets die Idee die Gestalt schafft. Also ist die Forderung, die die Zukunft auch an die Literaturgeschichte stellt, der Mut und das Bekenntnis zur Idee, aus der einzig Leben wächst.

Aber diese Idee soll, ob ihr Keim auch allein im Schoße eigener Persönlichkeit gezeugt wird, doch zugleich eingebettet sein im Bewußtsein von Zeit und Volk und aus ihm die nährenden Kräfte empfangen. Den Vorwurf des Unpolitischen – im höchsten und weitesten Sinne des Wortes – muß die Literaturbetrachtung des Positivismus wie die des mythologisierenden Idealismus tragen: jene ist zu einer handwerklichen Berufsangelegenheit vereinseitigt und mechanisiert, die – gerade die künstliche Begeisterung für die verschollene Welt altgermanischer Sagen beweist es – die tätige Beziehung zur Volksseele verloren hat und der das Volk als Ganzes fremd gegenübersteht; diese läuft Gefahr, in jenen individualistischen Ästhetizismus in Kunst und Leben auszuarten, an dem die Romantik zugrunde gegangen ist. Jene hat nur Interesse für das Gegenständlich-Dingliche der erstarrten Gestalten, in dieser erscheint Leben allzu einseitig als abstrakte Begriffsbewegung im Innern des einzelnen Ich.

Alle Wissenschaft in ihrer großen und wahrhaft geschichtlichen Form ist aber niemals Sonderangelegenheit einer Berufsgilde oder eines Ästhetenzirkels, sondern notwendiger und allgemeiner Ausdruck einer umfassenden geistigen Bewegung einer Zeit zu einem bestimmten Ziele hin gewesen, und der einzelne Forscher so Führer und Bildner dieses allgemeinen Geschehens. Man sehe doch auf die größte Geistesbewegung der Neuzeit, die Aufklärung! Sie gibt sich ihre bestimmte Aufgabe, die sie schaffend zu verwirklichen strebt: die Erkenntnis und Eroberung des Diesseits. Eine Persönlichkeit wie Leibniz ist daher nicht nur Sonderforscher, der z. B. in der Mathematik neue Methoden schafft, sondern zugleich auch ein Denker, der dem Allgemeinleben der Zeit gemeinverständlichen Ausdruck gibt, weil er sich von ihm emporgehoben und getragen fühlt und weiß, daß die kleinste und schwierigste wissenschaftliche Sonderarbeit den Geist des allgemeinen Zeitgeschehens atmet und ihm dient.

Wer mit unbefangenem Urteil die geistige Bewegung unserer Zeit betrachtet, weiß, daß es sich bei der heutigen Krise der Wissenschaft, im besonderen der Literaturgeschichte, nicht um einen bloßen Streit der Methoden, sondern um die viel wichtigere Frage nach dem Sinn und Wert der Wissenschaft an sich handelt. Hinter dieser Frage aber steht die Behauptung oder das Eingeständnis, daß Wert und Sinn der Wissenschaft überhaupt fraglich seien, weil zwischen ihr und dem Leben, das größer ist und wichtiger als die Wissenschaft, ein luftleerer Raum entstanden sei.

Laut ertönt der Ruf nach neuer Beziehung zwischen den beiden Mächten. Eduard Spranger hat seiner Rede über den »gegenwärtigen Stand der Geisteswissenschaften und die Schule« (1921) als Vorwort einen »Aufruf an die Philologie« vorausgesandt. Darin spricht er von der Lage der Gegenwart: »Wie in der Natur nach schweren Zerstörungsprozessen an noch lebenskräftigen Organismen sich mit erhöhter Tätigkeit Heilstoffe und frische Substanzen bilden, so scheint auch in der geistig-moralischen Welt Gesundung von selbst aus geheimen Kräften aufzuquellen. Man fühlt es wachsen und werden, man fühlt es pulsieren, wo man die Hände unserer Jugend faßt. Und der Tag wird kommen, wo es wie ein Sturmwind herausschlägt und über die erstaunte Welt dahinbraust. – Unsere heutige Philologie weiß von diesen Vorgängen durchschnittlich nichts. Ihre Hüter werden zu den erstaunten Erwachenden gehören, wenn sie nicht anfangen zu sehen, was ringsum gärt und ringt. Man kann nicht um eine neue Weltepoche herumgehen. Und eine solche ist im Anbruch ... Es ist kein wissenschaftliches Zeitalter, dem wir entgegengehen.«

In gleicher Weise betont der gegenwärtige preußische Unterrichtsminister, C. H. Becker, in seiner Schrift ›Vom Wesen der deutschen Universität‹ (1925) die Notwendigkeit eines neuen Bundes zwischen Wissenschaft und Leben: »Auf unseren Universitäten ist zur Zeit noch – so in manchen philosophischen Fakultäten – die Lebensabgewandtheit das Glaubensbekenntnis der geisteswissenschaftlichen Mehrheit. Wo die idealistische Tradition in ihrer positivistischen Anwendung auf das Einzelproblem noch vorherrscht, gibt es nichts, das mehr verpönt wäre, als die Begriffe des ›Modernen‹ und des ›Kulturellen‹. Die Gegenwart ist das an sich Verdächtige, weil hier die reine Erkenntnis nie vor Fehlerquellen sicher ist, weil der Abstand fehlt, eine affektive, wertende Beteiligung des Beschauers die reine Objektivität der Forschung subjektiv zu beeinflussen geeignet ist.« So stellt er an die heutige Wissenschaft zwei Forderungen: Erstens Verbindung mit dem Leben. Zweitens Mut und Kraft zur Synthese, zum System, zur Weltanschauung. Auch der wissenschaftliche Forscher soll seiner Aufgabe als Gesamtpersönlichkeit gegenübertreten und in dem Bewußtsein, ein Glied eines Gemeinschaftswesens zu sein.

Die deutsche Literaturwissenschaft hat vor allem Grund, diesen Ruf zu hören; sie würde die größten Persönlichkeiten und die ehrwürdigsten Zeichen ihrer Geschichte verleugnen, wenn sie Auge und Ohr verschlösse vor dem neuen Leben, das aus den Tiefen zum Lichte drängt; ja, sie wird, wenn sie dies tut, erfahren, daß sie sich mehr und mehr zur Unfruchtbarkeit verdammt, und das Schicksal der deutschen Polyhistorie des 17. Jahrhunderts, vor der Aufklärung, erleiden.

Nur in der Weckung des lebendigen Gefühls für das Gemeinschaftsleben von Zeit und Volkstum kann sie sich einerseits vor der Erstarrung in äußerliches Tatsachenwissen und anderseits vor der Verflüchtigung in mythologische Geistigkeiten bewahren. Auch wissenschaftliche Wahrheit ist nichts Absolutes und Ewiges. Sie ist stets bedingt durch das Lebensgefühl und die Denkformen eines Volkstums und eines Zeitalters; wie weit und tief sie diese ausdrückt, davon hängt ihre Daseinsberechtigung, ihr geschichtlicher Wert und die zeitliche Dauer ihrer Wirkung ab. Nur wo der Geschichtsschreiber – auch der der Dichtung – seine Aufgabe in dem Bewußtsein lebendiger Beziehung seiner Gesamtpersönlichkeit zu den kulturellen Kräften und Bewegungen der Zeit unternimmt, wird sein Werk von dem Geiste wahrer Wissenschaft beseelt sein. Der beschwingte Schöpferdrang der Persönlichkeit erscheint in seinem Schaffen gebändigt durch das Wissen um das Gewordene und geleitet durch die Verantwortlichkeit gegenüber der Gemeinschaft, und sein Werk wird damit in Wahrheit zum notwendigen Ausdruck eines weiten Gemeinschaftslebens.

Zu dieser Auffassung der Aufgabe der Wissenschaft aber ist, dünkt mich, die Literaturgeschichte (mit Einschluß der ästhetischen Literaturbetrachtung) in höherem Maße verpflichtet als jede andere Form menschlicher Forschung. Ihr Lern- und Lehrgebiet ist, neben der Religion, das heiligste, das es für ein Volk gibt. Wem der Beruf der Ergründung und Deutung dichterischer Werke geworden ist, soll sich dessen bewußt sein, daß er zum Hüter der herrlichsten Schätze seines Volkes bestellt und sein Amt nicht ein Handwerk, sondern ein Tempeldienst ist, den er mit Hingabe seiner ganzen Person an das Heilige auszuüben hat. A. W. Schlegel hat, aus dem Hochgefühl klassisch-romantischen Kunstschaffens und der Ehrfurcht vor der schöpferischen Persönlichkeit heraus, das Schöne die symbolische Darstellung des Unendlichen genannt. Wo spricht dieses Sinnbild des Unendlichen eine tiefere und zugleich verständlichere Sprache als im Werke des großen Dichters? Diese symbolische Sprache zu deuten ist schwerste und dankbarste Aufgabe des Berufenen. Sie kann nur geleistet werden durch mutiges Bekenntnis zu den in dem Kunstschaffen wirkenden geistigen Werten. Also aus der Gesinnung des wahren Idealismus heraus, nicht durch das verstandesmäßige Sichaneignen von wissenschaftlichem Stoffe.

Diese Aufgabe hat die deutsche Literaturwissenschaft zu begreifen, wenn sie aus der Stellung einer Wissenschaft unter vielen, in die sie nicht ohne eigene Schuld geraten ist, wieder an den Ort rücken will, den sie in der ersten Hälfte des neunzehnten Jahrhunderts einnahm, in den nach allen Seiten Licht und Wärme ausstrahlenden Mittelkreis der geistigen Bewegung lebendigen Volkstums. Sie sei sich bewußt, welche Ströme der Befruchtung aus der scheinbar so lebensfremden ästhetischen Bildung der klassischen Zeit weit in die Wirklichkeit des neunzehnten Jahrhunderts hinein sich ergossen.

Es liegt kein Zeitalter der Humanität hinter uns, wohl aber eines der inneren Roheit und geistlosen Unbildung, bei aller Masse intellektuellen Wissens und technischer Verfeinerung des äußeren Daseins. Unser tiefstes Streben und unsere höchste Aufgabe sollen sein, diesen Zustand materialistischer Barbarei zu überwinden. Wenn die Literaturwissenschaft dies begreift und im Bekenntnis zu der Weltanschauung des deutschen Klassizismus, nicht nur in epigonenhafter Anwendung seiner ästhetischen Urteile, nach der Idee der Zeit den im Werk des Dichters Gestalt gewordenen Geist deutet, so wird sich aus ihrem Schaffen aufs neue ein Segen der Befruchtung in die Weite des Volkstums ausbreiten.

Reallexikon der deutschen Literaturgeschichte

[1926]

Paul Merker / Wolfgang Stammler
Vorwort der ersten Auflage

Es liegt im Wesen der deutschen wie jeder anderen Literaturgeschichte, daß sie zunächst individualistisch gerichtet ist. Das
Dichtwerk als Leistung und Ausdruck einer schöpferischen Persönlichkeit und die einzelne Künstlergestalt bieten sich der for-
schenden und darstellenden Wissenschaft als nächstliegende Gegenstände an. In diesem Sinne kommen auch die älteren Literaturgeschichten im wesentlichen nicht viel über aneinandergereihte
Einzelcharakteristiken von Kunstwerken und Dichtern hinaus.
Nur in den literaturgeschichtlichen Hilfsdisziplinen der Metrik,
Stilistik und Poetik standen begreiflicherweise die sachlichen Gesichtspunkte von vornherein im Vordergrunde.

Die allgemeine Wissenschaftsumstellung der beiden letzten
Jahrzehnte, die bei aller bleibenden und selbstverständlichen
Wertschätzung des persönlichen Moments überall einen starken
Zug zum Überpersönlichen, Typischen, Allgemeinen, Grundsätzlichen erkennen ließ und neben der literarischen Kunstgeschichte
die geistesgeschichtliche Literaturwissenschaft zur vollen Entfaltung führte, hat jenes sachliche Element zu ungleich stärkerer Bedeutung gebracht. Das literarische Leben erscheint nicht mehr bloß
als Wirkungsfeld schaffender und gestaltender Persönlichkeiten,
sondern gleichzeitig als Offenbarung tieferliegender Strömungen,
Richtungen, Stilmoden, Geschmacksveränderungen. Die früher nur
mehr gelegentlich und vereinzelt verfolgte Entwicklung der literarischen Formen, Gattungen, Arten, Modeerscheinungen ist damit
stark in den Vordergrund des Interesses getreten. Einzelne Sachgebiete, besonders die Theatergeschichte, haben sich zu selbständiger
wissenschaftlicher Bedeutung durchgerungen. Überall wird die
Macht der allgemeinen Strömungen und Stimmungen deutlich,
drängt die literaturwissenschaftliche Betrachtung zur Verfolgung
von Längsschnitten und durchgehenden Entwicklungslinien, gliedert sich das Persönliche und Einzelne in höhere geistes- und bil-
dungsgeschichtliche Wellenbewegungen ein. Damit aber sind die
Realien der Literaturgeschichte, d. i. die Gesamtheit der über- und

unterpersönlichen Faktoren, ungleich mehr als früher Gegenstand der Forschung und des Interesses geworden.

In diesem Sinne sucht das vorliegende, auf drei Bände berechnete *Reallexikon der deutschen Literaturgeschichte* erstmalig den sach- und formgeschichtlichen Gesichtspunkt zum herrschenden Prinzip zu erheben. Die Einzelpersönlichkeiten und ihre künstlerische Eigenart werden nur insofern Beachtung finden, als sie bei der Darstellung der sachlichen Entwicklungslinien von Bedeutung sind. Nur in der übergeordneten Form gewisser geistesgeschichtlicher und literarhistorischer Gruppenbildungen wird das personale Element stärker mitzusprechen haben. Im übrigen werden die etwa 800 Artikel dieses Lexikons die literaturwissenschaftliche Materie grundsätzlich von sachlicher und formgeschichtlicher Einstellung aus behandeln. Im einzelnen lagen für diese erst neuerdings in ihrer Eigenwertigkeit stärker beachtete »realistische« Literaturgeschichte die Grundlagen sehr verschieden. Bei zahlreichen Artikeln konnten die Bearbeiter sich auf gute Vorarbeiten stützen; aber bei vielen anderen, oft recht bedeutsamen, galt es, durch das üppig wuchernde Feld der Einzelerscheinungen erstmalig eine Entwicklungsbahn zu schlagen und künftiger Forschung die Wege zu weisen. Schon dies bedingte, abgesehen von der Verschiedenheit der nahezu 100 Mitarbeiter, hier und da eine nicht zu vermeidende Ungleichheit in der Behandlungsweise, Anlagehöhe und Ausdehnung der Stichwortartikel.

Die Vorgeschichte dieses *Reallexikons der deutschen Literaturgeschichte* geht weit zurück und führt bis an die Schwelle der modernen geisteswissenschaftlichen Literaturwissenschaft. Bereits in demselben Jahre 1911, das in Ungers Hamannwerk und Gundolfs Shakespearebuch die ersten deutlichen Zeugen der methodischen Schwenkung brachte, entwickelte der eine der beiden Herausgeber (Prof. Merker) dem Vertreter des damaligen Trübnerschen Verlags an Hand der aufgestellten Stichworte eingehend den Plan des Unternehmens, das im ganzen betrachtet jetzt in derselben Form zur Verwirklichung gekommen ist. Obwohl der Gedanke mit einem entsprechenden Plane des Verlags zusammentraf, der seine Grundrißreihe durch eine lexikalisch eingerichtete Serie ergänzen wollte, blieb das in Aussicht genommene alphabetische Nachschlagewerk damals, durch persönliche und zeitliche Verhältnisse bedingt, im Keimstadium geplanter Entwicklung stecken. Die Kriegs- und ersten Nachkriegsjahre brachten dann aus inneren und äußeren Gründen weitere Hemmung, bis erst im Jahre 1920 eine neue, diesmal vom Verlage ausgehende Anregung das Vorhaben wiederum in Fluß brachte. Mit der wenig später erfolgten Gewinnung von Prof. Stammler als Mitherausgeber, der auch die erste Stichwortliste mannigfach ergänzte, erhielt das Unternehmen eine breitere Basis. Etwa gleichzeitig konnte an die Auswahl und Werbung der Mitarbeiter gegangen werden, die im einzelnen nicht immer leicht zu gewinnen waren (einzelne, besonders undankbare Stichworte konnten erst nach 6–8maligem Ausbieten ihren willigen Bearbeiter finden). Die unklare Lage der folgenden Inflationszeit, die nicht nur dem Verlag jede Übersichtsmöglichkeit nahm, sondern auch in den Reihen der Mitarbeiter vielfach Zweifel und Aufschubwünsche wach werden ließ, und die Notwendigkeit mannigfacher Neuwerbungen verzögerten weiterhin den Druckbeginn. Erst Anfang dieses Jahres waren die Manuskripte so weit eingelaufen, daß an die Drucklegung gegangen und im Juni die erste Lieferung ausgegeben werden konnte ...

Schon jetzt sei darauf hingewiesen, daß Herausgeber und Verlag den Plan verfolgen, diesem vorwiegend formgeschichtlich gerichteten Reallexikon später ein Personallexikon sowie ein Stoff- und Motivlexikon zur Seite treten zu lassen. Die drei Wurzeln und Elemente der literarischen Erscheinungen (Persönlichkeit, Stoff, Form) würden dann in drei sich ergänzenden lexikalischen Nachschlagewerken nebeneinander Berücksichtigung finden. Möge zunächst dieses »Real«-Lexikon, das wir besonders gern auch in den Händen der Studierenden und in den Schulbibliotheken sehen würden, seinen Weg gehen.

Rudolf Unger

Literaturgeschichte und Geistesgeschichte

[1926]

[Thesen]
[...]

1. Geistesgeschichte ist nicht ein besonderes, gegenständlich abzugrenzendes Gebiet, sondern eine spezifische Betrachtungsweise geistiger Dinge, die sich auf den ideellen Oberbau der Kultursynthese richtet und das einzelne Geistesgebiet erfaßt als Auswirkung

des Gesamtgeistes der jeweiligen Kultureinheit, also in seinen organischen Zusammenhängen mit den anderen ideellen Kulturgebieten, Philosophie und Religion.

2. Diese Zusammenhänge sind begründet von außen her in der gemeinsamen kultursoziologischen Bedingtheit dieser Geistesgebiete, innerlich durch ihre funktionellen Beziehungen aufeinander als Spiegelungen desselben Geistesgehaltes im Medium verschiedener Bewußtseinsstellungen.

3. Speziell in der Geschichte der Dichtung ist demnach die Aufgabe der geistesgeschichtlichen Betrachtungsweise die Herausarbeitung des Sinngehaltes der dichterischen Werke, ihres Gehaltes an Lebensdeutung, in besonderem Hinblick auf die jeweilige Bewußtseinsstufe des Gesamtgeistes und auf deren Spiegelung in Religion und Philosophie.

4. Dabei bestimmen sich diese Bewußtseinsstufen des Gesamtgeistes nach seiner geschichtlich sich wandelnden Stellung zu den durchgehenden Grundproblemen alles Geisteslebens, den welt- und lebensanschaulichen, die aber nicht, wozu eine intellektualistische Auffassung immer neigt, einseitig als solche theoretischer Reflexion verstanden werden dürfen.

5. Vielmehr wenden sich diese metaphysischen Urprobleme an den ganzen Menschen: neben dem Intellekt auch an Gefühl, Willen und Phantasie, kurz: an das innere Leben in seiner Totalität, und können in diesem Sinne auch als Lebensprobleme des Geistes bezeichnet werden.

6. Je nach dem Vorwalten der philosophisch-wissenschaftlichen, der religiösen oder der ästhetisch-künstlerischen Richtung ihrer Auffassung und Verarbeitung, das dann jeweils auch die anderen Geistesgebiete mehr oder minder stark beeinflußt, bestimmen sich Eigenart und Charakter der großen Epochen der Geistesgeschichte.

7. In der Doppelnatur dieser überrationalen Lebensprobleme des Geistes als geschichtlich und psychologisch sich wandelnder, von der jeweiligen Kultur- und Seelenlage bedingter, und zugleich ewiger, im unveränderlichen Grunde der Menschennatur und ihrer Situation im Weltganzen wurzelnder, ist es begründet, daß ihre historische Entfaltung, außer von den wandelbaren Einflüssen der Gesamtkultur und des seelischen Innenlebens, noch bestimmt wird von immanenten Gesetzen geistesgeschichtlicher Dialektik, die sich für die Dichtung speziell als solche phantasiemäßiger Erlebnis- und Problemgestaltung darstellen.

8. Diese immanente Dialektik phantasiemäßiger Erlebnis- und Problemgestaltung realisiert sich in der literarhistorischen Wirklichkeit als unlösliche Wechselbeziehung von subjektivem Erleben und Gestalten des Dichters und objektiver Wesensentfaltung der großen Lebensfragen der Menschheit oder des Menschlichen.

9. Eben in dieser unlöslichen Wechselbeziehung, ja grundwesentlich einheitlichen Aufeinanderbezogenheit der subjektiv-psychologischen und der objektiv-phänomenologischen Erscheinungs- und Entwicklungsweise der Lebensprobleme des Geistes erfüllt sich erst recht eigentlich Sinn und Wesen der konkreten Geistesgeschichte.

10. So ergibt sich als die oder zum mindesten als eine legitime Methode der geistesgeschichtlichen Literaturwürdigung die problemhistorische, die aber ihrerseits aufs engste Hand in Hand gehen muß mit einer zugleich objektiv-phänomenologischen und subjektiv-psychologischen Analyse der großen Lebensprobleme und ihrer phantasiemäßig-dichterischen Erlebnis- und Gestaltungsmöglichkeiten.

11. Dabei erfordert es das Wesen der Sache, diese dichterischen Erlebnis- und Gestaltungsmöglichkeiten nicht nur nach ihrer ideellen Inhaltlichkeit, sondern ebenso nach ihrer künstlerischen Formgestaltung, die beide untrennbar verbunden, ja in der Wurzel Eines sind, zu würdigen. Von hier aus ergibt sich ungezwungen die Anknüpfung an die stiltypologische und stilsystematische Forschungsrichtung Wölfflins und seiner literarhistorischen Jünger, wie anderseits von der kultursoziologischen Bedingtheit und den konkreten geschichtlichen Wandlungen der Erscheinungsweise der Lebensprobleme in der Dichtung her die Anknüpfung an die kulturgeschichtlich-soziologische und die historisch-philologische Literaturbetrachtung.

12. Demgemäß tritt also der spezifisch historisch-philologischen Richtung in unserer Wissenschaft als der für alles Weitere den festen Grund legenden, sodann der kulturgeschichtlich-soziologischen und literatur-ethnologischen und ferner der kunstwissenschaftlich-ästhetischen und stiltypologischen, die sämtlich in ihren Wahrheitsmomenten und ihrer Fruchtbarkeit, ja Notwendigkeit unbestritten bleiben, zur Seite die zugleich phänomenologisch und psychologisch orientierte problemgeschichtliche Richtung als die im engeren Sinne geisteshistorische: sie alle sich entwickelnd nicht in beziehungslosem Nebeneinander, noch weniger – trotz allen, oft heilsamen gegenseitigen Auseinandersetzungen – in feindli-

chem Gegeneinander, vielmehr als die gerade gegenwärtig in regster organischer Wechselwirkung vorwärtsdrängenden methodischen Auswirkungen der einen unteilbaren Literaturwissenschaft.

Hermann August Korff

Das Wesen der klassischen Form
[1926]

1.

Wo immer aufgeworfen wird die Frage nach dem Wesen einer künstlerischen Form, da handelt es sich um die innere Ausdeutung eines äußeren Tatbestandes. Denn eine Form ihrem Wesen nach verstehen, das kann nichts anderes heißen als sie von ihren Motiven, ja von ihren Zwecken her verstehen und sie somit als die Lösung einer Aufgabe begreifen, die mit einem bestimmten Kunstwollen, einer bestimmten Kunstabsicht, einem bestimmten Kunstideal gegeben ist. Der Grund aller Form ist der dem Dichter vorschwebende Zweck, und die Form nur das Mittel zur Verwirklichung der künstlerischen Intention. Auf diese also kommt es an. Und wir können das allgemeine Formgesetz einer bestimmten Kunstrichtung nur dadurch erfassen, daß wir die Art ihrer künstlerischen Intention und die Problematik begreifen, die mit ihrer Verwirklichung notwendig verbunden ist.

Mit alledem wird vorausgesetzt, was als die allgemeinste Erfahrung der Literaturgeschichte bezeichnet werden kann, daß die Art der dichterischen Intention nicht überall und allzeit die gleiche gewesen ist, sondern sich mannigfach gewandelt hat. Und es erscheint zugleich als wichtigste und erste Aufgabe des Literarhistorikers, die verschiedenen Arten des Kunstwollens zu begreifen, die in den verschiedenen Zeiten und Kunstrichtungen wirksam gewesen sind. Denn erst von hier aus können die so ganz verschiedenartigen Formen verständlich werden, mit deren bloßer äußerer Beschreibung die Wissenschaft erst am Anfang ihres Weges steht.

Aber freilich, diese Aufgabe ist nicht leicht. Ja sie ist im Grunde wie die wichtigste, so auch die schwierigste Aufgabe jeder Kunstwissenschaft. Denn wie jede innere Deutung äußerer Tatbestände ist auch die innere Deutung der verschiedenartigen Kunstformen in höchstem Maße Sache gefühlsmäßiger Intuition; und wissen-

45

schaftliche Forschung kann ihr zwar die Wege ebnen, aber sie nicht selbst zum Ziele führen. Immer bleibt für die Phantasie ein Sprung zu tun, dessen notwendige Richtung sich aus den Tatsachen zwar bis zum gewissen Grade zu ergeben scheint, in Wahrheit aber jenem Grundaperçu entstammt, das die Tatsachen selber bereits unbewußt gerichtet hat. Und so ist es denn kein Wunder, daß über nichts die Meinungen mehr auseinander gehen als gerade über diese Grundbegriffe der Kunst- und Literaturgeschichte – sobald man nämlich dazu übergeht, die bloße Beschreibung mit einer tieferen Deutung zu unterbauen.

2.

Zu den so umstrittenen Gegenständen gehört nun auch das Wesen der klassischen Form, der Form unserer klassischen deutschen Dichtung, besonders seitdem ein neueres geistreiches Buch dasselbe unter neue Gesichtspunkte gerückt und aus einem Vergleich mit der romantischen Form gewissermaßen antithetisch abzuleiten versucht hat. Nun ist die vergleichsweise Gegenüberstellung zweier Kunstarten zwar ohne Frage eine überaus zweckmäßige, ja vielleicht beste Methode, die sich in solchem Falle anwenden läßt, da uns ohnehin die Idee eines bestimmten Kunstwollens überhaupt erst dadurch zum Bewußtsein kommt, daß wir im Bilde der Geschichte eine offenbare Verschiedenartigkeit des Kunstwollens bemerken. Allein solche Vergleiche können nur da zu fruchtbaren Resultaten führen, wo wirklich scharf unterschiedene, ja wohl gar entgegengesetzte Kunstintentionen vorliegen. Und ich befinde mich schon damit zu jenem Buche in einem ausgesprochenen Gegensatze, daß ich den Unterschied zwischen klassischer und romantischer Form für weit weniger tiefgehend halte, als dort vorausgesetzt und folglich scheinbar nachgewiesen wird.

Es soll dabei nicht bestritten werden, was zu bestreiten völlig sinnlos wäre, daß zwischen der Kunstform der deutschen Romantik und derjenigen der Klassik Unterschiede und auch Gegensätze bestehen, die nicht gering veranschlagt zu werden brauchen. Aber es ist doch auffallend, daß, von Einzelheiten abgesehen, im Großen und Ganzen und gar von einer grundsätzlichen und radikalen Polemik der Romantiker gegen unsere klassische Dichtung, zumindesten gegen die Dichtung Goethes, nicht die Rede sein kann. Im Gegenteil ist die Dichtung Goethes nicht nur von Anfang an das dichterische Ideal der jungen Romantiker, sondern gerade auch in *den* Dichtungen, die wir als die eigentlich hochklassischen Werke Goethes anzusehen pflegen: die ›römischen Elegien‹, ›Hermann und Dorothea‹, ›Wilhelm Meister‹. Und Goethes Dichtungen bleiben romantisches Ideal und Vorbild trotz aller Kritik, die in weiterem Verlaufe daran geübt wird. In den gleichen Zusammenhang aber gehört die andere auffallende Erscheinung, daß da, wo die Schlegels klassische und romantische Dichtung tatsächlich gegenüberstellen, mit diesen Begriffen nie etwas anderes gemeint ist, als antike und moderne Dichtung – und zwar moderne Dichtung in dem Sinne einer zusammenfassenden Bezeichnung für die gesamte europäische Dichtung vom christlichen Mittelalter bis zur Gegenwart. Kein Wort davon, daß sich die Romantiker als Romantiker, Goethe und Schiller dagegen als Klassiker empfunden hätten! Gar, wo von der Neugeburt der romantischen Dichtung die Rede ist, die zu befördern die Schlegels sich zur Aufgabe gemacht hatten, wird als das Morgenrot dieses neuen Tages niemand anders als Goethe gefeiert – und Goethe ganz allein.

Ich glaube also, ohne näher darauf eingehen zu wollen, daß die antithetische Gegenüberstellung unserer sogenannten Klassiker und Romantiker als zweier Grundarten der dichterischen Intention eine begriffliche Zwangsvorstellung ist, die der geschichtlichen Wirklichkeit so nicht entspricht. Und ich möchte deshalb dafür eintreten, daß man zur Wesensergründung der klassischen Form überhaupt in eine andere Richtung blicke und sich, statt des Vergleichs zwischen Klassik und Romantik, vielmehr dazu entschließe, das Wesen der klassischen Form aus einer Vergleichung mit derjenigen zu entwickeln, von der wir mit Bestimmtheit sagen können, daß sie nicht nur aus ihr, sondern auch gegen sie erwachsen ist: der Form von Sturm und Drang. Denn hier haben wir die zweifellose Tatsache eines bewußten Gegensatzes der künstlerischen Intention, der bezeugt wird eben so sehr durch den äußeren Augenschein der Form, wie durch die klare Stellungnahme unserer Klassiker zur Dichtung ihrer Jugend. Wie ich mir das denke, das möchte ich nun im Folgenden kurz entwickeln, wobei ich freilich darauf hinweisen muß, daß sich das im Rahmen eines Aufsatzes zwar andeuten, aber nicht ausführen läßt.

3.

Dabei gilt es, sich zuvörderst zum Bewußtsein zu bringen, daß trotz ihrer scharfen Gegensätzlichkeit Sturm und Drang und Klassik auf das engste zusammen gehören, da sie aus einer gemeinsamen Wurzel entspringen. Und dies Gemeinsame ist das spezifische Welt- und Lebensgefühl der Goethezeit, das auch noch die ganze Romantik trägt. Es ist das gemeinsame Thema, das nur jedesmal in anderer Gestalt erscheint. Und das Kunstwollen der ganzen Zeit entspringt durchaus in diesem Weltgefühl.

Will man dieses Weltgefühl in seinem Mittelpunkte erfassen, so kann man dies zunächst ganz allgemein durch den Begriff *des Lebens* tun. Denn unsere metaphysische Einheit mit der Welt und daher die Allebendigkeit des Weltalls das ist sein allgemeinster ideeller Rahmen. Allein dieser Rahmen bedarf noch der spezifischen Füllung, und es handelt sich in der Tat um ein *bestimmtes* Gefühl vom Wesen des Lebens, das der Welt- und Kunstanschauung der Goethezeit einen ganz spezifischen Charakter gibt. Das Leben nämlich hat in dem Gefühl der Goethezeit den Charakter eines Dranges. Und es liegt eine tiefe Bedeutung darin, daß man den Durchbruch dieses Lebensgefühls nach dem Titel eines damals entstandenen Dramas als Sturm und Drang bezeichnet. Dieser Drang entsteht dadurch, daß die äußere Gestalt der Welt hervorgehend gedacht wird aus einem inneren Wesen, das umfangreicher ist als seine äußere Gestalt, darum in der äußeren Gestalt nicht unterkommt und folglich über jede Gestalt hinausdrängen muß, um Gestalt zu gewinnen. Die äußere Endlichkeit der Dinge ist nur der unzulängliche Ausdruck einer inneren Unendlichkeit. Und das, was wir Leben nennen und als die Wurzel der Welt betrachten müssen, das ist der Drang dieser göttlichen Unendlichkeit, die endliche Gestalt werden will und darum ruhelos alle Endlichkeiten überwachsen muß, da keine Form der Endlichkeit die innere Unendlichkeit der Welt umfaßt.

Deshalb aber hat die Welt für das Gefühl der Goethezeit nicht den Charakter eines ewigen Seins, sondern eines ewigen Werdens, und was Welt scheint, ist in Wahrheit ein *Weltprozeß* – eine unendliche Entwickelung, in der sich eine innere Unendlichkeit in einer unendlichen Folge äußerer Endlichkeiten zu erschöpfen trachtet. Das Wesen des Lebens ist also, wie Simmel schön gesagt hat, seine Transzendenz, d. h. jener metaphysische Drang, kraft dessen es jede Form, zu der es gerinnt, wieder auflösen, verwandeln und »transzendieren« muß. Alle Formen also, die wir sehen und die wir selber sind, sind nur vorübergehende Formen, Phasen einer unendlichen Verwandlung. Und was sich verwandelt, das ist keine tote Substanz, sondern eine sich auswirkende Kraft, deren inneres Wesen die Spannung ist.

4.

Wenn dies in kurzen Worten das allgemeine Weltgefühl der Goethezeit ist, von dem sowohl Klassik wie Sturm und Drang ihr Leben haben, dann erfährt dieses Weltgefühl in jedem Falle dennoch eine ganz verschiedene *Deutung.* Und es ist deshalb zum tieferen Verständnis der beiden Auffassungsformen äußerst wichtig, sie nicht nur von sich aus, sondern eben als die verschiedenen Deutungen ein und desselben Weltgefühls zu begreifen. Das aber tun wir, indem wir uns klar machen, welch eine ganz verschiedene Deutung und Bewertung trotz der gemeinsamen Grundlagen in beiden Fällen die »Form« erfährt, – und zwar nicht nur die künstlerische Form, was vielmehr nur ein Spezialfall ist, sondern überhaupt jede Form der Natur. Gemein ist beiden Auffassungen, wie ich entwickelt habe, die Vorstellung, daß jede Form etwas Fließendes, Vorübergehendes und Unzulängliches ist, ja überhaupt nur scheinbar eine ruhende Form, in Wahrheit dagegen eine Form jener Spannung zwischen einer inneren Unendlichkeit und den äußeren Bedingungen der Endlichkeit, die das Wesen des Lebens ist. Das Wesen jener Form ist also, und zwar für die Klassik sowohl wie für Sturm und Drang, *die Unzulänglichkeit gegenüber ihrem Gehalt.* Aber diese Unzulänglichkeit hat jedesmal einen anderen Grund, einen anderen Sinn und infolgedessen einen ganz anderen Charakter. Und das ist nun der tiefgreifende Unterschied zwischen Klassik und Sturm und Drang, den wir uns im Folgenden klarzumachen versuchen müssen. Diese Unzulänglichkeit wird nämlich in dem einem Falle empfunden als die Unzulänglichkeit jeder Form überhaupt, die schon als bloße Form dem fließenden Leben widerspricht und darum nach Möglichkeit überhaupt gesprengt, verneint oder wenigstens gedehnt werden muß, um der inneren Fülle Raum zu schaffen; in der Klassik aber wird sie gedacht als die Unzulänglichkeit der empirischen Form gegenüber der idealen Form, der das Leben entgegendrängt. Denn für die Klassik hat die Form einen bestimmten und positiven Sinn, indem es eben der Sinn des Lebens ist, bestimmte Formen aus sich heraus zu bilden und zu immer höheren Formgebilden aufzusteigen. Für Sturm und Drang dagegen hat die Form überhaupt nur die negative Bedeutung, den Fluß des Lebens irgend wie zu begrenzen und ihm von

Augenblick zu Augenblick Form zu leihen, d. h. Wirklichkeit zu geben.

5.

Das klingt freilich ungemein paradox, wenn man sich nun im Hinblick auf die Dichtung von Sturm und Drang davon überzeugen muß, daß gerade in ihr ein Gestaltungswille mächtig gewesen ist, wie in der Dichtung weniger Zeiten. Ja schon die bloße Tatsache eines so drängenden Kunsttriebes überhaupt, wie ihn uns der junge Goethe in jedem Augenblick bezeugt, dieser Trieb, wie er sich später ausgedrückt hat, alles was ihn »erfreute oder quälte oder sonst beschäftigte, in ein Bild, ein Gedicht zu verwandeln« und d. h. also, ihm eine künstlerische Form zu geben, – bezeugt auf das Stärkste diesen Formungswillen, diesen Willen zur Form, so daß es gar nicht mehr des Hinweises auf die spezifische Art dieses Wollens bedarf, die doch ebenso fraglos darin besteht, ein möglichst naturhaftes, erdennahes, saftstrotzendes Gebilde hervorzubringen – also ein Gebilde, das ein Maximum von Form, von Gestalt, von Wirklichkeit darstellt.

> Ach, daß die innere Schöpfungskraft
> Aus meinem Sinn erschölle,
> Daß eine Bildung voller Saft
> Aus meinen Fingern quölle!

Dazu nehme man noch diesen bedeutsamen Ausspruch des jungen Goethe: »Was wir von Natur sehen, ist Kraft, die Kraft verschlingt, nichts gegenwärtig, alles vorübergehend, tausend Keime zertreten, jeden Augenblick geboren ... und die Kunst ist gerade das Widerspiel: sie entspringt aus den Bemühungen des Individuums, sich gegen die zerstörende Kraft des Ganzen zu erhalten« ... oder wie Goethe später gesagt hat, »dem Augenblicke Dauer zu verleihen«. Dann sehen wir auf das klarste, was zu beweisen eigentlich nicht nötig gewesen wäre, daß auch für die Sturm- und Drangkunst der Wille zur Form das Erste und die Form selbst die eigentliche Sehnsucht des Künstlers ist.

Denn natürlich! In der Form, der Gestalt, dem Werk gewinnt ja erst Wirklichkeit, Dasein und Leben, was bis dahin nur ungeborener Traum, nur Intention, Sehnsucht und bloßes Streben war. Die Form ist die Erfüllung des Lebens- wie des Künstlerdranges,

und die Formwerdung der wunderbare Augenblick, da das Göttliche zur Welt, die Seele zu Leib, die ungestalte Regung zur gestalteten Gebärde wird. Aber die Wonne dieses Augenblickes ist ein
Trug, der mit dem Augenblicke selbst vergeht. Das Künstlerschick-
sal ist nicht weniger tragisch wie das Leben überhaupt. Und so hat
zwar die Form zunächst die Funktion, Ausdruck und Erfüllung des
Lebens zu sein; aber sie verliert diese Funktion in dem Augenblicke,
wo das Leben tatsächlich zur Form erstarrt. Sie, die in diesem
Augenblicke noch Leben war, ist im nächsten Augenblick schon
tot; und mit schwarzen nüchternen Buchstaben, mit den erbärmli-
chen Strichen und Farben starrt das Werk den Künstler an, der
eben noch seine ganze Seele darin offenbart zu haben glaubte.
Denn die Form faßt diese Seele nicht. Immer ist die Vision eines
großen Künstlers größer, gewaltiger oder zarter, als die Form
seines Kunstwerkes. Ja es ist etwas ganz anderes, was da Form
gewinnen wollte und nun Form gewonnen hat. Es war Seele, und
nun ist es Leib; es war Natur und ist jetzt Kunst. Und mit tiefer
Resignation sagt deshalb schon der junge Goethe: »Jede Form,
auch die gefühlteste, hat etwas Unwahres.«

Es ist die Erfahrung, an der das allzuschwache Künstlertum
des jungen Werther zerbricht. Denn Werther gehört zu jenen typischen, von vornherein entmutigten Künstlern, die vor der Innigkeit ihrer inneren Gesichte verzweifeln, mehr als tote Umrisse auf
dem Papiere festzuhalten. »Noch nie war ich glücklicher, noch
nie war meine Empfindung an der Natur, bis aufs Steinchen, aufs
Gräschen herunter, voller, inniger; und doch, ich weiß nicht, wie
ich mich ausdrücken soll, meine vorstellende Kraft ist zu schwach,
alles schwimmt und schwankt so vor meiner Seele, daß ich keinen
Umriß packen kann.« Tiefer gesehen aber kann er nur darum keinen Umriß packen, weil er gar nicht mehr bloße Umrisse, sondern in diesen Umrissen etwas Seelisches sieht, das mit den bloßen
Umrissen nicht mehr zu packen ist! Oder wenn wir uns der
Grundbegriffe Wölfflins bedienen wollen: er kann nur darum
keine Umrisse packen, weil er, der in einer linearen Technik erzo-
gen ist, mit einem Male die Welt auf eine malerische Weise sieht,
der gegenüber eine lineare Darstellung völlig versagen muß. Aber
in der Dichtung ist es durchaus nicht anders. Und das wahre Verhältnis von Sturm und Drang zur Form begreift man darum erst
in vollem Maße, wenn man versteht, warum diese Kunst, die einen
so starken Formungswillen hat, nichtsdestoweniger einen so ge-

waltsamen *Kampf gegen alle Formen* führte. Auch sie steht unter dem Schatten jener tiefen Problematik, die das Goethewort enthüllt: »Jede Form, auch die gefühlteste, hat etwas Unwahres.« Und doch ist es unmöglich ohne Form zu sein, wenn wir nicht überhaupt auf Wirklichkeit verzichten wollen.

6.

Nun aber fragt es sich: worauf beruht es denn, daß jede Form, auch die gefühlteste, etwas Unwahres an sich hat? Darauf, (lautet die Antwort) weil der ideale Kunstgegenstand von Sturm und Drang das Leben ist, Form aber und Leben Antithesen sind. Denn das ist ja eben das Neue, was mit der Sturm- und Drangdichtung erstmals zum Durchbruch kommt: daß das *Leben* zum wahren, tieferen und eigentlichen Helden der ganzen Dichtung wird. Wem das nicht ohne Weiteres verständlich klingt, der möge sich zum Bewußtsein bringen, wodurch sich denn die Dichtung vor allen Dingen des jungen Goethe von derjenigen der Aufklärungszeit unterscheidet, worauf es denn der neuen Generation von Dichtern ankam, die mit einem Male alle voraufgegangene Literatur zum alten Eisen warf. Das ist, mit einem Worte gesagt, das Leben.

Was sie fühlbar machen wollten — etwa in ihren dramatischen *Gestalten* oder den Helden ihrer Geschichten, wie Götz von Berlichingen und Karl Moor, Faust und Werther, Gretchen und Lotte, Prometheus und Fiesko — das war überall das in diesen Gestalten pulsierende Leben, das bald in überschäumender Kraft, bald in stiller Innigkeit sich offenbart, immer aber ein neues, eigenartiges und unberechenbares ist, so daß es jeden Augenblick den Charakter unmittelbarer Schöpfung hat … ganz im Gegensatz zu jenen hölzernen und rationalen Figuren, die nur ein Beispiel für eine Regel sind. Was sie fühlbar machen wollten in der *Natur* … man denke an die Naturlyrik des jungen Goethe in seinen Gedichten und den Briefen Werthers … das war jenes geheimnisvolle Leben der Natur, das sich nur der Einfühlung und jener Magie erschließt, zu der sich Faust hinflüchtet, als ihm die Seelenlosigkeit aller mechanischen Naturwissenschaft zum Ekel geworden ist. Und drittens, was sie fühlbar machen wollte in der Form der *Dichtung* selbst, das war, wie wir aus Herders Volksliedabhandlung wissen und in der gesamten Jugenddichtung Goethes erfahren, wiederum das Leben, nämlich die Unmittelbarkeit des dichterischen Schöpfungsaktes, der nicht länger von konventionellen und rationalen Formen aufgefangen, sondern gleichsam in voller Lebendigkeit weitergeleitet werden sollte zu der seelischen Antenne des Empfängers. Leben zu Dichtung und Dichtung zu Leben zu machen, das ist der Sinn jener Erlebnisdichtung, die in der deutschen Literaturgeschichte mit dem jungen Goethe beginnt.

So sehen wir, sind es zwar von außen gesehen »Formen«, Gestalten und Gebilde, was uns in der Dichtung hier entgegentritt, aber seinem tieferen Sinne nach ist es überall das Leben, das der Dichter in diesen Formen rauschen hört und darum in diesen Formen offenbaren möchte. Und das will ich damit ausdrücken, wenn ich mit scharfer Pointierung sage: der Held dieser ganzen Dichtung ist das Leben. Denn das Leben ist nicht nur der Urwert, sondern auch ihre tiefere Wahrheit.

Allein, wie wir gehört haben: »Alle Formen, auch die gefühltesten, haben etwas Unwahres an sich.« Das Leben widerspricht aller Form; und ein zur Form gewordenes Leben hat bereits aufgehört Leben zu sein. Denn wo fühlen wir Leben? Wo ahnen wir Lebendiges? Eben dort, wo wir Bewegung sehen! Bewegung und Verwandlung. Alle Form aber ist das Gegenteil von Bewegung und Verwandlung; und wo wir von Formen der Bewegung reden, meinen wir etwas Unbewegtes im Wechsel, eine Regel, an der die Veränderlichkeit, das Leben seine Grenze findet. Wenn auch das Leben selbst nach Formen drängt, so zeigt es sich doch nur so lange als lebendig, als es die selbst geschaffene Form wieder zerstört, verwandelt, überwächst. Und wo eine Kunst darnach von Grund auf strebt, das Leben spürbar zu machen, da muß sie sich vor allen Dingen dort am Ziele fühlen, wo Formen, Regeln, Ordnungen, Gesetze *durchbrochen* werden. Denn spürbar wird das Leben eben nur dort, wo es Gesetze durchbricht, d. h. wo es sich von seiner Vergangenheit, von der Knechtschaft des Gewordenen emanzipiert, und seine ewige Freiheit, seine schöpferische Entwicklung behauptet.

Daraus aber erklärt sich nun von einer tieferen Schicht her der von Grund aus *revolutionäre Charakter* von Sturm und Drang sowohl in Welt- als Kunstanschauung. Da Sturm und Drang im Zusammenhange der Geistesgeschichte nichts anderes bedeutet als das Erlebnis des Lebens in dem bisher entwickelten Sinne, so kann er überhaupt nur als Revolution in die Erscheinung treten. Um sich als Leben zu manifestieren, muß das Leben überall zum Empörer werden .... wie Götz von Berlichingen und Karl Moor ge-

gen die staatliche Ordnung, Faust und Gretchen gegen die bürgerliche Geschlechtsmoral, Prometheus gegen die Herrschaft der Göt-
ter und Posa gegen die Herrschaft der Kirche. Um sich als Leben
zu manifestieren, kann das Individuum weder einen uniformen,
noch einen unwandelbaren Charakter zeigen, sondern muß sich
wie Faust und alle anderen Gestalten der Sturm- und Drangdichtung in fortwährenden Gegensätzen entladen, in jedem Augenblick
neu und anders sein, jeder Berechnung spotten und über Treue
erhaben sein oder an ihr leiden. Und endlich um sich als Leben
zu manifestieren, darf die Dichtung nicht nur keiner Konvention
und keiner Regel folgen, sondern muß die Konvention verletzen
und die Regel übertreten. Nur wenn man mit dem dichterischen
Ausdruck zugleich das Gefühl einer übertretenen Regel hat, nur
mit einer als *unregelmäßig* empfundenen Form verbindet sich das
Gefühl des Lebens d. h. der freien, unmittelbaren, an keine konventionellen Formen gebundenen Improvisation, ... wie es die
Kunst der Goetheschen Hymnen ist. Wenn unter Kunst eine irgendwie geregelte Form verstanden wird, dann ist diese Kunst
das Widerspiel des Lebens, der lebendigen Natur. Und so sagt
Goethe in dem bekannten Gedichte:

> Natur und Kunst, sie scheinen sich zu fliehen.

Und *nicht Form, sondern Formlosigkeit* erweist sich damit als das
eigentliche Formideal von Sturm und Drang.

7.

Von diesem Formideal aber scheint sich nun das klassische auf
das schärfste abzuheben. Denn was die klassische Dichtung sowohl
nach Form als nach Inhalt darzustellen sucht, das ist allemal und
gerade: Form! die Form, die dem Flusse des Lebens die Regel gibt
und dem ewig Beweglichen als das Feste und Formende gegen-
übertritt. Ihr idealer Kunstgegenstand scheint nicht wie derjenige
von Sturm und Drang die formsprengende Gewalt des Lebens zu
sein, sondern umgekehrt das *Formgesetz des Lebens,* das dessen
unendliche Kraft in seine ewigen Formen zwingt.

Dieses neue Formideal beruht auf einer neuen und vertieften
Deutung des Lebens, mit der die Klassik sich geschichtlich kon-
stituiert. Aber sie ist nichtsdestoweniger nur eine andere Deutung
ein und desselben Lebensgefühls und folglich auch mit ihrem

Formideal demjenigen von Sturm und Drang sehr viel verwandter als es scheint.

Hatte man bisher unter »Leben« eben das verstanden, was von Form zu Form hinströmte, ohne zu der Form als solcher innere Beziehung zu besitzen, so lernte man das Leben nunmehr gerade als das Formerzeugende verstehen, dessen ganzer Sinn und Wert die Formen waren, die es aus sich heraustrieb, während es selbst im Grunde sinn- und wertlos war und ewig bleiben mußte. Nur daß es in sich die Kraft besaß, aus diesem Chaos einen Kosmos zu gebären, mit seinem ewigen Wandel ein Unwandelbares zu erzeugen, einer Ordnung Wirklichkeit zu leihen und eine Form aus sich hervorzubringen, die Dauer behielt und weiterformend wirkte: nur das war die geistige Legitimation des Lebens, die eben nicht schon darin gesehen werden konnte, *daß* es lebte, sondern *was* es lebte. Die bloße Bewegung ist vollkommen leer ohne einen ideellen Gehalt, an dessen allmählicher Verwirklichung das Leben eben sein Leben setzt. Und so hat auch die Kunst, die Dichtung, nun nicht mehr allein die Aufgabe, das Leben als die ewige Bewegung fühlbar zu machen, sondern den *ideellen Gehalt* dieses Lebens, der sich in den Formen ausdrückt, die das Leben aus sich erzeugt. D. h. die Formen selber haben jetzt den Wertakzent, und der Wert alles Lebens hängt von nun an von dem Wert der Formen ab, in denen es verläuft. Die Formen sind so wenig bloße Grenzbegriffe des Lebens, daß sie umgekehrt der tiefste Ausdruck seines Geistes, seines Wesens sind und daher vor allem auch in ihrer ideellen Bedeutung verstanden werden müssen.

8.

Wie nun aber für den Sturm und Drang das Leben einzig dadurch fühlbar wurde, daß es die Formen sprengte, Regeln verletzte, Gesetze übertrat, so wurde für die Klassik die Form um so sichtbarer, wertvoller, formhafter, je mehr sie eben den Charakter der *Regelmäßigkeit* besaß. Die »ewigen« Formen sind es dadurch, daß sie auch die ewig wiederkehrenden, die Urformen alles Lebens sind . . . . seien es nun die ewig wiederkehrenden Naturformen, die wir als die Gattungsformen bezeichnen und die Goethes Morphologie umkreist, seien es die ewig wiederkehrenden Formen unseres Geistes, die idealen Forderungen des Gewissens, auf denen unsere Humanität gegründet ist. Alles Einmalige, Einzigartige, Individuelle ist der Ausdruck nur der vorüberrauschenden Lebensbewegung;

alles Vielmalige, Allgemeingültige, Generelle dagegen der Ausdruck des dem Leben innewohnenden Geistes. Kurz, die Gesetzmäßigkeit ist das Wesen aller Form, und eine Form daher um so wertvoller und idealer, je gesetzmäßiger sie sich erweist. In allem Gesetzmäßigen liegt ein tiefer Sinn; und *das Gesetzmäßige als das Sinn- und Wertvolle darzustellen:* das insbesondere ist auch die Aufgabe der klassischen Dichtung.

Daher treten uns denn nun in der deutschen Dichtung ganz andere Aufgaben und Gegenstände entgegen, wie im Sturm und Drang. Und wo wir ehemals die großen Aufgipfelungen des Lebens, die Empörungen gegen das Gesetz dargestellt gefunden haben, da schauen wir nunmehr gerade das schlechthin Normale, die typischen Verkörperungen allgemeiner Lebensformen, die Darstellung und Verherrlichung des Gesetzmäßigen, sei es im Sinne des Sittlichen oder des Natürlichen. Das ganze Einfache, das ganz Natürliche, das Allgemein-menschliche tritt an die Stelle des Absonderlichen, des Problematischen, des Individuellen. Denn der ideale Kunstgegenstand dieser Dichtung ist überall das Formgesetz des Lebens, das Ideal, das um so tiefer dem Wesen des Lebens entstammt, je gesetzmäßiger, je allgemeingültiger, je allgemeiner es ist. Und die ganz einzigartige Kunst und Größe dieser Dichtung besteht darin, daß es ihr gelingt, nur durch die Art ihrer Formung dieses ganz Einfache und schlicht Gesetzmäßige als das ganz Wertvolle hinzustellen und ihm den höchsten Adel zu verleihen. Das ist der künstlerische Sinn von ›Iphigenie‹, ›Alexis und Dora‹, ›Hermann und Dorothea‹.

9.

Bis hierhin scheint die Klassik in der Tat nur die vollendete Antithese von Sturm und Drang zu sein. Der ideale Kunstgegenstand hier ist das Leben, dort seine Form; und dem Ideal der Formlosigkeit gegenüber steht nun das strengste Ideal der Form, die Regelmäßigkeit.

Allein das Wesen der klassischen deutschen Form ist damit so wenig bereits erschöpft, daß es vielmehr den entscheidenden Zug ihres Wesens ausmacht, daß sie *nicht jene vollkommene Antithese* von Sturm und Drang, sondern in Wahrheit eine *Synthese* mit diesem ist. Und die Klassik müßte ja nicht aus Sturm und Drang erwachsen sein, wenn sie so ganz dessen sollte vergessen haben, was das Erlebnis von Sturm und Drang gewesen war. Und so stoßen wir erst damit zum wahren Wesen der klassischen Form durch, daß wir begreifen, wie auch in der klassischen Dichtung noch das Blut der Sturm- und Drangdichtung kreist, das sie vor der Entartung zur blutleeren Allegorie bewahrt hat, wie es das Schicksal einzelner, nicht mehr klassischer Altersdichtungen Goethes gewesen ist.

Zu diesem Zwecke müssen wir uns erinnern, daß die Formgesetze des Lebens nur deshalb zum idealen Kunstgegenstand der Klassik erhoben worden waren, weil man in ihnen gerade das Wesenhafte des Lebens zu erfassen glaubte. Als das Wesenhafte dieses Lebens aber hatte der Sturm und Drang gerade nicht die Form, sondern seine formauflösende Bewegung erschaut. Und diese Vorstellung war auch in der Klassik keineswegs verloren gegangen, sondern hatte sich nur in die neue Vorstellung verwandelt: daß, weil nun einmal alle Formen eben Formen des Lebens sind, keine Form des Lebens in der Wirklichkeit jemals die reine Form erreicht, vielmehr überall nur als individuelle Brechung des allgemeinen Gesetzes in die Erscheinung tritt. Der ideale Kunstgegenstand ist zwar das allgemeine Formgesetz des Lebens, aber das Leben selbst zeigt überall nur individuelle Fälle dieses Gesetzes, und nur in der Form der Ausnahme können wir das Gesetz erschauen. Mit vollkommener Klarheit bezeichnet Goethe darum diesen idealen Gegenstand der Wissenschaft und der Kunst als »das Gesetz, von dem in der Wirklichkeit nur Ausnahmen vorhanden sind«. Das Leben widerstreitet eben der Form. Es kann sich nur dadurch am Leben halten, daß es dem allgemeinen Gesetze einen immer neuen individuellen Ausdruck gibt. Jede Form also, können wir nun das Wort des jungen Goethe im klassischen Sinne variieren, jede Form und auch die scheinbar gesetzmäßigste hat etwas Unwahres, Unzulängliches an sich. Sie drückt nur unzulänglich und unvollkommen dasjenige aus, was sie im Grunde genommen ausdrücken soll. Sie muß als reale Form so notwendig individuell und ungesetzlich sein, wie sie ideell das allgemeine Gesetz repräsentieren soll.

Damit aber steht die Klassik, wie schon angedeutet, vor der zwar entgegengesetzten aber völlig analogen Problematik, in die auch das Kunstwollen von Sturm und Drang ausmündet. In beiden Fällen bekommt die Form etwas Problematisches. Sie ist in dem einen Falle nie lebendig und frei genug. Sie kann nie vollkommen das ausdrücken, was der Künstler mit ihr ausdrücken möchte. Sie faßt nie den letzten Gehalt der künstlerischen Vision.

10.

Allein an diesem ideellen Punkte angekommen, nimmt die Klassik nunmehr jene versöhnliche und ausgleichende Wendung, durch die sie erst in Wahrheit und in einem tieferen Sinne zur Klassik wird. Sie gibt nämlich Dem eine neue positive Bedeutung, was unter dem bisherigen Gesichtspunkte nur als Unzulänglichkeit der empirischen Form erschien. Die Ausnahme von der Regel bezeichnet nach ihrer Auffassung durchaus *nicht nur ein Zurückbleiben* hinter dem Gesetze, sondern gerade auch die höhere *Schönheit* des Lebens, das seinem tiefsten Wesen nach eben ein lebendiges Spiel zwischen Form und Leben ist. Wie die entgegengesetzten Auffassungsmöglichkeiten erwiesen haben, ist der Geist des Lebens eben beides . . . . sowohl gesetzlich wie ungesetzlich, formhaft wie formlos. Und die tiefste Erkenntnis über das Leben besteht eben darin, daß, obgleich das Leben in der Form von Regeln verläuft, die *Unregelmäßigkeit gerade zur Regel des Lebens gehört.*

Und so ist die wahre Schönheit des Lebens, in der sich sein tiefstes Wesen offenbart, eben nicht die strenge Regelmäßigkeit, zu der es nur erstarrt, sondern umgekehrt jene göttliche Freiheit, die in der *freien Beherrschung der Regel* zum Ausdruck kommt. Nicht da ist Freiheit, wo des Gesetzes gespottet wird, sondern wo sich das Leben so ganz vom Gesetze durchdrungen zeigt, daß nunmehr das Gesetz selbst wieder lebendig und damit individuell und frei wird.

> Vergebens werden ungebundene Geister
> Nach der Vollendung reiner Höhe streben.
> Wer Großes will, muß sich zusammenraffen,
> In der Beschränkung zeigt sich der Meister,
> Und das *Gesetz* nur kann uns *Freiheit* geben.

So besteht das Wesen der klassischen Form weder in der starren Regelmäßigkeit, die ohne Leben ist, noch in der bloßen Lebendigkeit, die ohne Regel ist, sondern in dem Ideale einer organischen Gesetzmäßigkeit, die den Eindruck des Gesetzmäßigen *und* des Freien, die *Form* und *Leben* rätselhaft in sich vereinigt. »*Lebendige Gestalt*« hat Schiller dieses Ideal der klassischen Kunst genannt.

Es ist das Ideal der Schönheit, wie es Goethe und Schiller in ihren reifen Dichtungen gleichermaßen vorschwebte, wie es aber von beiden, und zwar dem Sinne dieses Ideals gemäß, individuell sehr verschieden verwirklicht worden ist.

Oskar Walzel

Das Wortkunstwerk
Mittel seiner Erforschung
[1926]

Vorwort

Ideengeschichtliche Betrachtung von Dichtung ist heute etwas Selbstverständliches geworden. Sie wird von vielen vertreten. Mannigfach ist man bemüht, ihre Wege genauer zu bestimmen. Vor einem halben Menschenalter war es anders, galt den Erforschern der Literaturgeschichte, mindestens deren großer Mehrzahl, alles Erkunden der Gedanken, die sich in einer Dichtung auswirken und aussprechen, für eine nebensächliche Arbeit, die füglich den Philosophen überlassen bleiben dürfe. Wilhelm Diltheys Aufsatzsammlung ›Das Erlebnis und die Dichtung‹ von 1906 hätte, mächtig aufwühlend wie sie wirkte, diese Annahme wohl erschüttern sollen. Da das Werk indes von einem Philosophen verfaßt war, schien es vielen nur den Wahn zu rechtfertigen, daß es eine besondere, philosophische Betrachtung von Literaturgeschichte treibe, von der die strenge Fachwissenschaft manchen Wink erhalten könne, die jedoch dem Fachmann selbst nicht gezieme. Er habe lediglich mit den Mitteln der Philologie die Persönlichkeit des Dichters zu erforschen oder vielmehr das Werden der einzelnen Dichtungen.

Ein Wort für ideengeschichtliche Literaturwissenschaft einzulegen, sprach ich auf dem Grazer Philologentag von 1909 über analytische und synthetische Literaturforschung. Der Aufsatz, der diesen Band eröffnet, fußt auf dem Grazer Vortrag. 1910 veröffentlicht, hat er beträchtlichen Nachhall gefunden. Immer wieder wurde und auch jetzt noch wird mir von Fachgenossen bezeugt, daß er ihnen wichtig geworden ist und daß sie versucht haben, seinen Wünschen nachzukommen. Gewiß brachten andere aus ihrem eigenen Erkennen noch viel hinzu. Aber ich darf mit Freude feststellen, daß, was ich in Graz gefordert hatte, heute in mehr als einer Beziehung erfüllt ist. Nicht nur nehmen in Werken meiner Wissenschaft jetzt die Ideen eine wichtige Stellung ein. Auch die ältere vereinzelnde Betrachtungsweise ist an mehr als einer Stelle einer zusammenfassenden oder — wie ich sie genannt hatte und wie man sie heute gern nennt — synthetischen Darstellung gewichen.

Fragen der Methodik meines Fachs suchte ich seitdem immer wieder zu beantworten. Hatte ich in Graz Synthese gegen Analyse ausgespielt, so ergab sich mir im Fortschreiten immer klarer, daß auch die Analyse selbst, mit der sich die Mehrzahl bisher begnügt hatte, verbesserungsbedürftig sei. Da ideengeschichtliche Synthese bald kräftig ihre Wege ging, durfte ich um so mehr der andern Aufgabe dienen, Analyse strenger und strenger zu fassen. Oder um mich der Ausdrücke zu bedienen, die mir und nicht nur mir jetzt geläufig geworden sind: ich suchte nicht so sehr dem bloßen Gehalt von Dichtungen nachzugehen als vielmehr ihrer künstlerischen Gestalt. Ich war bestrebt, das Werk des Dichters vor allem als ein Werk der Kunst zu fassen, die Züge solcher Kunst also genauer festzustellen, als es üblich war. Am wenigsten ging ich darauf aus, etwas Neues und Unerhörtes zu sagen. Oft genug waren mir Arbeiten auf ästhetischem Feld begegnet, die mit viel Nachdruck und mit noch mehr Ansprüchen nur wiederholten, was schon von den deutschen Klassikern und den deutschen Romantikern oder auch von einem der wenigen ausgesprochen worden war, die — wie Hebbel oder Otto Ludwig — im 19. Jahrhundert sich über das Wesen der Dichtkunst und ihrer Aufgaben hatten klarwerden wollen. Umgekehrt erfüllte mich von vornherein hohe Achtung für solche Vorgänger. Es schien mir, als gelte es nur, alte Erkenntnis zu neuem Leben aufzurufen, Erkenntnis, die im spätern 19. Jahrhundert mit Unrecht vergessen worden war, vor allem in den Kreisen meiner Wissenschaft.

Ergab sich schon aus grundsätzlicher Zusammenfassung dieser alten Einsichten manches Neue, so zeigte sich doch auch gelegentlich ein Weg, der über den wertvollen alten Besitz hinausführte. Fast nur in Aufsätzen legte ich vor, was ich gefunden hatte. Dringlicher und dringlicher rieten mir wohlwollende Freunde, das Ganze in einer größern Arbeit über die Form der Dichtung zusammenzustellen. Kurz vor Beginn des Weltkriegs fing ich an, diesen Wunsch zu erfüllen. Seit Anfang August 1914 schien mir all das entwertet und zwecklos zu sein. Andern Aufgaben wandte ich mich zu. Erst nach längerer Unterbrechung kehrte ich zu der fallengelassenen Arbeit zurück. Bald nach ersten Versuchen, das Erreichte zu überblicken und zu nutzen – es waren die beiden Bändchen, ›Die künstlerische Form des Dichtwerks‹ (Berlin 1916) und ›Ricarda Huch, ein Wort über Kunst des Erzählens‹ (Leipzig 1916) – wurde mir durch Heinrich Wölfflins ›Kunstgeschichtliche Grundbegriffe‹ von 1915 der mächtige Vorsprung ganz deutlich, den auf der Suche nach den wesentlichen künstlerischen Merkmalen eines Kunstwerks die neuere Erforschung der bildenden Kunst über meine Wissenschaft gewonnen hatte. Was bisher mehr oder minder zufällig und beihin von mir versucht worden war, eine Verwertung der Forschungsergebnisse neuerer Kunstgeschichtswissenschaft für die Ergründung von Dichtkunst, gestaltete sich mir zur nächsten und wichtigsten Aufgabe. Den Weg, aber auch das Recht solcher Erforschung der Kunstform von Dichtung sollte meine kleine Schrift ›Wechselseitige Erhellung der Künste‹ (Berlin 1917) aufzeigen. Das hier vorgetragene Programm kam zu breiter Ausführung, als ich für das ›Handbuch der Literaturwissenschaft‹ des Verlags Athenaion den Band ›Gehalt und Gestalt im Kunstwerk des Dichters‹ ausführte. Durch viele und starke Hindernisse, die in der Zeit lagen, verschob sich ebenso das Erscheinen des ›Handbuchs‹ wie der Abschluß meines Beitrags. Im Frühjahr 1925 lag endlich mein ganzer Band vor. Er bietet die lange geplante zusammenfassende Arbeit über die Form der Dichtung. Auf ganz anderer Grundlage, als ursprünglich gedacht war, ist sie errichtet. Nach Kräften bemühte ich mich bei der Niederschrift, alle Vorarbeiten zu übernehmen, die sich mir seit Jahren ergeben hatten. Bald indes zeigte sich, daß manches nur gestreift, anderes überhaupt nicht eingegliedert werden konnte. Darum fügte ich schon der Aufsatzsammlung ›Vom Geistesleben alter und neuer Zeit‹ (Leipzig 1922) ein paar Aufsätze ungefähr in der Gestalt ein, die sie bei der ersten Veröffentlichung in Zeitschriften gehabt hatten. Vollends blieb beim Abschluß von ›Gehalt und Gestalt‹ recht viel übrig, auf das nur verwiesen, das nicht in größerm Umfang berücksichtigt, auch manches, das nicht einmal genannt worden war.

Der vorliegende Band soll einem Teil dieser Untersuchungen Raum gewähren. Um ihn nicht übermäßig auszudehnen, wurde einiges weggelassen, das nicht notwendig in seinen Bereich fällt. Er soll vor allem dem Leser von ›Gehalt und Gestalt‹ den Zutritt zu Forschungen erleichtern, die dort genannt und verwertet sind. Er bietet aber in gewissem Sinn mehr als ›Gehalt und Gestalt‹, nicht nur weil er ausführlich manches darlegt, was dort nur in der Form eines Endergebnisses erscheint, auch weil der Umfang des bearbeiteten Gebiets weiter gespannt ist.

›Gehalt und Gestalt‹ berichtet viel mehr von der künstlerischen Gestalt der Dichtung als von deren geistigem Gehalt. Die ganze ideengeschichtliche Literaturforschung einzubeziehen, war um so weniger nötig, als ja seit längerer Zeit solche Forschung in kraftvollem Fortschreiten ist. Andeutungen konnten da genügen. Nur das eine allerschwerste Problem fand stärkere Berücksichtigung, die Frage, wie in der Gestalt einer Dichtung deren Gehalt sich ausdrückt. Wer in diesem Vorgehen eine Einseitigkeit oder gar ein Unrecht gegen die Erforscher des geistigen Gehalts von Dichtung erblickt, wolle bedenken, daß meinem Fach heute eine nicht unerhebliche Gefahr droht. Ideengeschichte schiebt gern die Ergründung des kunstvollen Ausdrucks der Ideen wenn nicht beiseite, doch auf. Nachdem jahrzehntelang die Ideen, die in einer Dichtung enthalten sind, die Rolle Aschenbrödels gespielt hatten, muß jetzt vor Arbeiten gewarnt werden, die in der Dichtung nur das Ideelle suchen. Hatte man einst Dichtung gern als Mittel benutzt, das Leben ihres Schöpfers zu erläutern, so kann sie heute abermals zum Rang eines bloßen Mittels herabsteigen, des Mittels, die Gedankenwelt dieses Schöpfers zu bestimmen. Das Eigentliche, Wesentliche und Entscheidende ginge dann abermals verloren: das Kunstwerk. Um so unbedingter muß immer wieder betont werden, daß, wer sich als Forscher mit Dichtung beschäftigt, in erster Linie einem Kunstwerk gerecht werden muß. Meine Arbeit über ›Gehalt und Gestalt‹ möchte diese Aufgabe lösen.

Allein ausdrücklich muß ich sagen, daß ich deshalb mich nicht zu einem einseitigen Ergründer der Form von Dichtung machen lassen kann. Schon in ›Gehalt und Gestalt‹ wehre ich mehrfach die Zumutung ab, als sei es mir um bloßen Formalismus zu tun; mir und andern, die sich auf verwandtem Wege befinden. Es scheint indes, wenn man von Zeit zu Zeit auf irgendeine Art von Forschung besondern Wert legt, die unausweichliche Folge zu sein, daß man der Einseitigkeit geziehen wird. Wer meine Arbeiten, und nicht nur die ältern, kennt, sollte wissen, daß ich mich um das Gedankliche von Dichtung recht viel bemühe. Ich meine, auch jetzt in Rede wie in Schreibe dem Ideellen von Dichtung nicht weniger Raum zu gewähren als der künstlerischen Gestaltung. Am allerwenigsten möchte ich als akademischer Lehrer Schüler heranziehen, die bloß das eine oder bloß das andere kennen und treiben. Vor kurzem hob ich in der ›Deutschen Literaturzeitung‹ (1925 Sp. 1258) hervor, daß ich in ›Gehalt und Gestalt‹ Ziele der Forschung bezeichne, an denen sich viele Wege meiner Wissenschaft kreuzen. Mir erschiene es wie ein trauriges und gefährliches Verzichten, wenn ich nicht versuchte, alle Mittel, deren sich fortschreitend die Literaturwissenschaft bemächtigt, auf ihren Wert zu prüfen und sie zu nutzen, soweit sie mir zweckdienlich scheinen. Ich glaube nicht an die Notwendigkeit der großen Gegensätze, die in der Methode meiner Wissenschaft bestehen. Mir scheint eine Verknüpfung solcher gegensätzlicher Forschungsmittel nicht nur möglich, auch nötig, allerdings soweit sie nicht nur schönklingende Wortschälle sind.

In dem vorliegenden Band wird vielleicht noch fühlbarer als in ›Gehalt und Gestalt‹, wie wichtig mir ideengeschichtliche Forschung ist. Wenn etwa heute als Sonderart solchen Forschens problemgeschichtliche Behandlung der Literatur verfochten wird, so sei darauf hingewiesen, daß ich schon 1910 (unten S. 20f). diesen Standpunkt vertreten habe (vgl. ›Deutsche Literaturzeitung‹ 1925 Sp. 1255).

Gegen impressionistische Nachzeichnung von Dichtung wendet sich der Aufsatz über analytische und synthetische Literaturforschung. Daher darf ihm die kleine Studie über die Abneigung des Impressionismus gegen ästhetische Rubriken angefügt werden. Der dritte Aufsatz ›Dichtung und Weltanschauung‹ bleibt immer noch ideengeschichtlicher Auffassung sehr nahe, mag er auch nicht von sogenannter Weltanschauungsdichtung reden. Er versucht schon die entscheidende Stelle zu erwägen, an der sich Gehalt und Gestalt wandelt. Erst die beiden Aufsätze über Humboldt und über Herbart gehen unmittelbar auf rechte Wiedererweckung formalen Betrachtens von Kunst aus, zeigen, wieviel schon vor langer Zeit auf diesem Gebiet erkannt worden ist, zugleich aber auch, warum diese Errungenschaften vergessen worden sind. Der neue Aufsatz über das Wesen des dichterischen Kunstwerks ist Zusammenfassung und zugleich Programm. Was ich in ›Gehalt und Gestalt‹ erstrebe, ist hier bequem zu überblicken. Die Grundsätze, nach denen der zweite Teil des Bandes Einzelfragen erörtert, sind hier gedanklich geordnet.

Hier ist auch ein mir jetzt besonders wichtiges Erforschungs-
mittel kunstvollen Gestaltens von Dichtung empfohlen. Der Anfang des Aufsatzes ›Zeitform im lyrischen Gedicht‹ (unten S. 277)
beschreibt es. Kürzer kennzeichnet es der Aufsatz über ›Das Wesen des dichterischen Kunstwerks‹ (unten S. 106): »Der Wortkunst wird sicherlich am unbedingtesten gerecht, wer in die Schule
der Wissenschaft geht, die sich bisher am emsigsten mit dem Wort
beschäftigt, dessen Wege am genauesten beobachtet hat. Es ist die
Sprachlehre. Die Gruppen, die von der Sprachlehre längst gebildet und verwertet worden sind, lassen sich mit Gewinn auf ihre
künstlerische Bedeutung prüfen.«

Die künstlerische Funktion der grammatischen Kategorien gilt
es zu erkennen. Längst ist bekannt, welche Bedeutung der sprachliche Ausdruck für die Dichtung hat. Was Dichtkunst von andern
Künsten trennt, ist die Fähigkeit, durch das Wort zu wirken.
Wortkunst also ist die Dichtkunst, im Gegensatz zur Kunst der
Farben, des Metalls, Steins oder Holzes, der Töne und zu andern
Künsten. Das Wesentlichste des Dichtwerks ist, daß es ein Wortkunstwerk darstellt. Über diese Tatsache ist das Nötigste sowohl
in ›Gehalt und Gestalt‹ wie in dem Aufsatz über ›Das Wesen
des dichterischen Kunstwerks‹ gesagt. Mir ist sie wichtig genug,
in ihrem Sinn diese ganze Aufsatzsammlung zu betiteln. Solcher
Erforschung der Wortkunst von Dichtung dienen vor allem die
Aufsätze ›Schicksale des lyrischen Ichs‹ und ›Zeitform im lyrischen Gedicht‹. Ganz besonders aber führt den Weg von der
Grammatik zum kunstvollen Ausdruck der Aufsatz ›Von »erleb-
ter« Rede‹. Sie streben alle dem Ziel zu, das mir jetzt in seiner
Bedeutung aufgegangen ist: zu erweisen, wieweit die Syntax zu
beachten hat, wer die künstlerische Gestalt einer Dichtung und
die Bedeutung dieser künstlerischen Gestalt für den geistigen Gehalt ergründen will.

Andere Aufsätze des zweiten Teils dringen noch nicht so weit
vor. Allein sie bleiben als Versuche, dem kunstvollen Gestalten
des Dichters nachzugehen, es zu verstehen und zugleich zu rechtfertigen, auf einem benachbarten Pfade. Hat doch auch wissenschaftliche Arbeit anderer über die sogenannte erlebte Rede
meine Studie über ›Objektive Erzählung‹ verwerten können.
Diese Studie ist jetzt wie im ersten Teil des Bandes die Arbeit
über Wilhelm von Humboldt durch ein Nachwort vervollständigt.
Etwas erweitert ist der Aufsatz über ›Formeigenheiten des Ro-

mans‹. Er wie der über ›Leitmotive in Dichtungen‹ war zum Teil
in den Band ›Gehalt und Gestalt‹ übergegangen, hier auch mehrfach ergänzt worden. Um so wichtiger schien mir, innerhalb der
Grenzen des Aufsatzes ›Formeigenheiten des Romans‹ die Bei-
spiele zu vermehren. Dagegen konnte ›Gehalt und Gestalt‹ fast
nichts von der Arbeit über ›Die Kunstform der Novelle‹ verwerten. Desto enger berührt sich ›Gehalt und Gestalt‹ mit den beiden
Aufsätzen über Shakespeare. Sie sind daher jetzt wesentlich ge-
kürzt. Ein paar Verweise auf ›Gehalt und Gestalt‹ ersetzen, was
gestrichen worden ist. Am liebsten hätte ich beide Arbeiten aus-
geschieden. Allein die erste hat bei ihrem ersten Auftreten so viel
Beachtung gefunden, daß ich annehme, sie in den wesentlichen
Zügen ihres ursprünglichen Zusammenhangs wiedergeben zu müssen, mich nicht mit ihrer gelegentlichen Verwertung in ›Gehalt
und Gestalt‹ begnügen zu können. Die zweite ist in dieser Form
wohl nur wenig bekannt geworden, da sie seinerzeit in einer nordischen Zeitschrift veröffentlicht worden war.

Ich hege die Hoffnung, daß die ganze Aufsatzsammlung als
ein mehr oder minder in sich geschlossenes Ganzes empfunden
werde. Ihre Teile, wenn auch zu verschiedener Zeit entstanden
und Ergebnisse eines dauernden Fortschreitens, wollen doch samt
und sonders Dichtung von der Seite ihres geistigen Gehalts und
ihrer künstlerischen Gestalt erfassen, dann aber die wechselseitige
Bedingtheit von Ideeninhalt und Ausdruck erkennen. Auf Vollständigkeit ist es dabei nicht abgesehen. Doch eine Reihe recht
bedeutsamer Fragen wird nacheinander erwogen. Gewiß ist über
Epik, Lyrik und Dramatik weit mehr zu sagen, als es der zweite
Teil tut. Dennoch meine ich, die Morphologie der drei Dichtungsgattungen in ihren allerwichtigsten Eigenheiten anzudeuten. Eine
»Poetik« will dieser zweite Teil nicht ersetzen. Aber er ergänzt
manche der vorhandenen »Poetiken«.

Vielleicht jedoch läßt auch dieser Band über das Wortkunstwerk erkennen, daß hinter meinen Darlegungen noch etwas mehr
steckt als bloß das Streben, die »Poetik« auszubauen. Es war mir
eine liebe Überraschung, aus Hermann Friedmanns Buch ›Die Welt
der Formen, System eines morphologischen Idealismus‹ (Berlin 1925)
zu ersehen, daß Forschung, wie ich sie in ›Gehalt und Gestalt‹
treibe, dazu dienen kann, die höchsten und letzten Fragen, vor
denen wir heute stehen, zu beantworten. Schon die Tatsache, daß
Friedmann mir eine Stelle im Werdegang seines Glaubensbekennt-

nisses anweist, ist mir wertvoll. Noch wertvoller aber das Gefühl, daß mein Streben sich in die Lösungsversuche der schweren Aufgabe einordnen läßt, die Stellung zur Welt zu gewinnen, die nach dem Versinken der Weltanschauung des 19. Jahrhunderts unerläßlich ist, wenn anders die nächste Zukunft nicht ihrer heiligsten Pflicht untreu werden soll, über die Verneinung des naturwissenschaftlichen Materialismus zu einem neuen bejahenden Weltbild zu gelangen.

WALTER BENJAMIN

Literaturgeschichte und Literaturwissenschaft
[1931]

Immer wieder wird man versuchen, die Geschichte der einzelnen Wissenschaften im Zuge einer in sich geschlossenen Entwicklung vorzutragen. Man spricht ja gern von autonomen Wissenschaften. Und wenn mit dieser Formel auch zunächst nur das begriffliche System der einzelnen Disziplinen gemeint ist – die Vorstellung von der Autonomie gleitet doch ins Historische leicht hinüber und führt zu dem Versuch, die Wissenschaftsgeschichte jeweils als einen selbständig abgesonderten Verlauf außerhalb des politisch-geistigen Gesamtgeschehens darzustellen. Das Recht, so vorzugehen, mag hier nicht debattiert werden; unabhängig von der Entscheidung über diese Frage besteht für einen Querschnitt durch den jeweiligen Stand einer Disziplin die Notwendigkeit, den sich ergebenden Befund nicht nur als Glied im autonomen Geschichtsverlaufe dieser Wissenschaft, sondern vor allem als ein Element der gesamten Kulturlage im betreffenden Zeitpunkte aufzuzeigen. Wenn, wie im folgenden dargelegt wird, die Literaturgeschichte mitten in einer Krise steht, so ist diese Krise nur Teilerscheinung einer sehr viel allgemeineren. Die Literaturgeschichte ist nicht nur eine Disziplin, sondern in ihrer Entwicklung selbst ein Moment der allgemeinen Geschichte.

Das zweite ist sie gewiß. Aber ist sie wirklich das erste? Ist Literaturgeschichte eine Disziplin der Geschichte? In welchem Sinn das zu verneinen ist, wird sich im folgenden ergeben; es ist nicht mehr als billig, mit dem Hinweis zu beginnen, daß sie durchaus nicht, wie ihr Name vermuten ließe, von Anfang an im Rahmen der Geschichte aufgetreten ist. Als Zweig der schöngeistigen Ausbildung, eine Art angewandter Geschmackskunde, stand sie im achtzehnten Jahrhundert zwischen einem Lehrbuche der Ästhetik und einem Buchhändlerkatalog.

Als erster pragmatischer Literarhistoriker tritt im Jahre 1835 Gervinus mit dem ersten Bande seiner ›Geschichte der poetischen Nationalliteratur der Deutschen‹ hervor. Er zählte sich der historischen Schule zu; die großen Werke sind ihm »historische Ereignisse, die Dichter Genien der Aktivität und die Urteile über sie weittragende öffentliche Nachwirkungen. Diese Analogie zur Welthistorie bleibt so innig mit der individuellen Haltung von Gervinus verquickt wie sein Verfahren, die fehlenden kunstphilosophischen Gesichtspunkte durch ›Vergleichung‹ der großen Werke mit ›verwandten‹ zu ersetzen.« Das wahre Verhältnis zwischen Literatur und Geschichte konnte dies glänzende aber methodisch naive Werk sich nicht zum Problem machen, geschweige denn das von Geschichte zu Literaturgeschichte. Überblickt man vielmehr die Versuche bis zur Jahrhundertmitte, so zeigt sich, wie durchaus ungeklärt die Stellung der Literaturgeschichte, sei es in, sei es auch nur zur Historie geblieben war. Unter Männern wie Michael Bernays, Richard Heinzel, Richard Maria Werner trat auf diese erkenntniskritische Ratlosigkeit der Rückschlag ein. Mehr oder weniger vorsätzlich gab man die Orientierung an der Geschichte auf, um sie mit einer Anlehnung an die exakte Naturwissenschaft zu vertauschen. Während vorher selbst bibliographisch gerichtete Kompilationen eine Vorstellung vom Gesamtverlaufe erkennen ließen, ging man nun verbissen auf Einzelarbeit, auf das »Sammeln und Hegen« zurück. Allerdings hat diese Zeit positivistischer Doktrin eine Fülle von Literaturgeschichten für den bürgerlichen Hausgebrauch als Komplement der strengen Forscherarbeit hervorgebracht. Aber das universalhistorische Panorama, das sie entrollen, war nichts als eine Art darstellerischen Komforts für Verfasser und Leserschaft. Die Scherersche Literaturgeschichte mit ihrem Unterbau exakter Tatsachen und ihren großen rhythmischen Periodisierungen von drei zu drei Jahrhunderten läßt sich sehr wohl als Synthese der beiden Grundrichtungen damaliger Forschung verstehen. Mit Recht hat man die kulturpolitischen und organisatorischen Absichten, aus denen dieses Werk hervorging, betont und die Makart-Vision eines kolossalen Triumphzugs idealer deutscher Gestalten, die ihm zugrunde liegt, aufgezeigt. Scherer läßt die tragenden Figuren seiner kühnen Komposition »bald aus der politischen, bald aus der literarischen, religiösen oder philosophischen Atmosphäre entspringen, ohne den Eindruck höherer Notwendigkeit, ja auch nur der äußerlichen Konsequenz zu erwecken, er durchkreuzt ihre Wirkungen mit solchen der Einzelwerke, der verabsolutierten Ideen oder Dichtungsgestalten, wodurch ein farbiger Wirrwarr, aber nichts weniger als eine geschichtliche Ordnung entsteht«.

Was sich hier vorbereitet, ist der falsche Universalismus der kulturhistorischen Methode. Mit dem von Rickert und Windelband geprägten Begriff der Kulturwissenschaften vollendet sich diese Entwicklung; ja der Sieg der kulturgeschichtlichen Anschauungsart war ein so unumschränkter, daß nun sie mit Lamprechts ›Deutscher Geschichte‹ zur erkenntnistheoretischen Grundlage der pragmatischen wurde. Mit der Proklamation der »Werte« war die Geschichte ein für allemal im Sinn des Modernismus umgefälscht, die Forschung nur der Laiendienst an einem Kult geworden, in dem die »ewigen Werte« nach einem synkretistischen Ritus zelebriert werden. Es ist immer denkwürdig, wie kurz von hier der Weg bis zu den rabiatesten Verirrungen der neuesten Literarhistorie gewesen ist; welche Reize die entmannte Methodik den widerwärtigsten Neologismen hinter der goldnen Pforte der »Werte« abzugewinnen verstand: »Wie alle Poesie zuletzt auf eine Welt der ›wortbaren‹ Werte hinzielt, so bedeutet sie in formaler Beziehung eine letzte Steigerung und Verinnerlichung der unmittelbaren Ausdruckskräfte der Rede.« Wohl oder übel wird man nach dieser Mitteilung schon fühllos für den Chock der Erkenntnis geworden sein, daß der Dichter selbst diese »letzte Steigerung und Verinnerlichung« als »Wortungs-Lust« erlebe. Es ist die gleiche Welt, in der das »Wortkunstwerk« zu Hause ist, und selten hat ein provoziertes Wort so großen Adel an den Tag gelegt, wie in dem Falle »Dichtung«. Mit alledem macht jene Wissenschaft sich wichtig, welche immer durch die »Weite« ihrer Gegenstände durch das »synthetische« Gebaren sich verät. Der geile Drang aufs große Ganze ist ihr Unglück. Man höre: »Mit überwältigender Kraft und Reinheit treten die geistigen Werte hervor ... ›Ideen‹, welche die Seele des Dichters schwingen lassen und zur symbolischen Gestaltung reizen. Unsystematisch und doch deutlich genug läßt uns der Dichter in jedem Augenblick fühlen, welchem Werte oder welcher Wertschicht er den Vorzug gibt;

vielleicht auch, welche Rangordnung er den Werten überhaupt zu-
erkennt.« In diesem Sumpfe ist die Hydra der Schulästhetik mit
ihren sieben Köpfen: Schöpfertum, Einfühlung, Zeitentbunden-
heit, Nachschöpfung, Miterleben, Illusion und Kunstgenuß zu
Hause. Wer sich in der Welt ihrer Anbeter umzutun wünscht, hat
nur das neueste repräsentative Sammelbuch[1] zur Hand zu nehmen,
in der die deutschen Literarhistoriker der Gegenwart sich Rechen-
schaft von ihrer Arbeit zu geben suchen, und der die obigen Zi-
tate entnommen sind. Womit allerdings nicht gesagt sein soll, daß
ihre Mitarbeiter solidarisch füreinander haften; gewiß heben sich
Autoren wie Gumbel, Cysarz, Muschg, Nadler von dem chaoti-
schen Grunde, auf welchem sie hier erscheinen, ab. Um so bezeichnender aber, daß selbst Männer, die sich auf wissenschaftliche Leistungen von Rang zu berufen vermögen, wenig oder
nichts von der Haltung, die die frühe Germanistik geadelt hat,
in der Gemeinschaft ihrer Fachgenossen zur Geltung zu bringen
vermocht haben. Die ganze Unternehmung ruft für den, der in
Dingen der Dichtung zu Hause ist, den unheimlichen Eindruck
hervor, es käme in ihr schönes, festes Haus mit dem Vorgeben,
seine Schätze und Herrlichkeiten bewundern zu wollen, mit
schweren Schritten eine Kompanie von Söldnern hineinmarschiert,
und im Augenblick wird es klar: die scheren sich den Teufel um
die Ordnung und das Inventar des Hauses; die sind hier einge-
rückt, weil es so günstig liegt, und sich von ihm aus ein Brücken-
kopf oder eine Eisenbahnlinie beschießen läßt, deren Verteidigung
im Bürgerkriege wichtig ist. So hat die Literaturgeschichte sichs
hier im Haus der Dichtung eingerichtet, weil aus der Position des
»Schönen«. der »Erlebniswerte« des »Ideellen« und ähnlicher
Ochsenaugen in diesem Hause sich in der besten Deckung Feuer
geben läßt.

Man kann nicht sagen, daß die Truppen, die ihnen hier im
Kleinkrieg gegenüberliegen, über eine ausreichende Schulung ver-
fügen. Sie stehen unter dem Kommando der materialistischen Literaturhistoriker, unter denen der alte Franz Mehring immer noch
um Haupteslänge hervorragt. Was dieser Mann bedeutet, belegt
jeder Versuch materialistischer Literarhistorie, der seit seinem
Tode hervorgetreten ist, von neuem. Am deutlichsten Kleinbergs

---

[1] ›Philosophie der Literaturwissenschaft‹, herausgegeben von Emil Ermatinger, Berlin 1930.

›Deutsche Dichtung in ihren sozialen, zeit- und geistesgeschichtlichen Bedingungen‹ – ein Werk, das sklavisch alle Schablonen
eines Leixner oder Koenig auspinselt, um sie dann allenfalls mit
einigen freidenkerischen Ornamenten einzurahmen; ein rechter
Haussegen des kleinen Mannes. Indessen ist Mehring Materialist
weit mehr durch den Umfang seiner allgemein-historischen und
wirtschaftsgeschichtlichen Kenntnisse als durch seine Methode.
Seine Tendenz geht auf Marx, seine Schulung auf Kant zurück.
So ist das Werk dieses Mannes, der ehern an der Überzeugung
festhielt, es müßten »die edelsten Güter der Nation« unter allen
Umständen ihre Geltung behalten, viel eher ein im besten Sinne
konservierendes als umstürzendes.

Aber der Jungbrunnen der Geschichte wird von der Lethe ge-
speist. Nichts erneuert so wie Vergessenheit. Mit der Krise der
Bildung wächst der leere Repräsentationscharakter der Literaturgeschichte, der in den vielen populären Darstellungen am hand-
greiflichsten zutage tritt. Es ist immer derselbe verwischte Text,
der bald in der, bald in jener Anordnung auftritt. Seine Leistung
hat mit wissenschaftlicher schon lange nichts mehr zu schaffen,
seine Funktion erschöpft sich darin, gewissen Schichten die Illusion einer Teilnahme an den Kulturgütern der schönen Literatur
zu geben. Nur eine Wissenschaft, die ihren musealen Charakter
aufgibt, kann an die Stelle der Illusion Wirkliches setzen. Das
hätte zur Voraussetzung nicht nur die Entschlossenheit, vieles aus-
zulassen, sondern die Fähigkeit, den Betrieb der Literaturgeschichte, bewußt, in einen Zeitraum hineinzustellen, in dem die
Zahl der Schreibenden – das sind ja nicht nur die Literaten und
Dichter – tagtäglich wächst und das technische Interesse an den
Dingen des Schrifttums sich sehr viel dringlicher bemerkbar macht
als das erbauliche. Mit Analysen des anonymen Schrifttums –
der Kalender- und Kolportageliteratur z. B. – sowie der Soziologie des Publikums, der Schriftstellerbünde, des Buchvertriebs zu
verschiedenen Zeiten könnten neuere Forscher dem Rechnung tragen, haben es zum Teil auch begonnen. Aber dabei kommt es vielleicht weniger auf eine Erneuerung des Lehrbetriebs durch die
Forschung als der Forschung durch den Lehrbetrieb an. Denn mit
der Krise der Bildung steht ja in genauem Zusammenhang, daß
die Literaturgeschichte die wichtigste Aufgabe – mit der sie als
»Schöne Wissenschaft« ins Leben getreten ist, – die didaktische
nämlich, ganz aus den Augen verloren hat.

Soviel von den gesellschaftlichen Umständen. Wie hier der Modernismus die Spannung zwischen Erkenntnis und Praxis im musealen Bildungsbegriff nivelliert hat, so im historischen Bereiche der von Gegenwärtigem und Gewesenem, will sagen den von Kritik und Literaturgeschichte. Die Literaturgeschichte des Modernismus denkt nicht daran, vor ihrer Zeit durch eine fruchtbare Durchdringung des Ehemaligen sich zu legitimieren, sie vermeint, das durch Gönnerschaft dem zeitgenössischen Schrifttum gegenüber besser zu können. Es ist erstaunlich, wie die akademische Wissenschaft hier mit allem geht, mitgeht. Wenn frühere Germanistik die Literatur ihrer Zeit aus dem Kreise ihrer Betrachtung ausschied, so war das nicht, wie man es heute versteht, kluge Vorsicht, sondern die asketische Lebensregel von Forschernaturen, die ihrer Epoche unmittelbar in der ihr adäquaten Durchforschung des Gewesenen dienten; Stil und Haltung der Brüder Grimm legen Zeugnis ab, daß die Diätetik, welche solch Werk erforderte, nicht geringer als die großen künstlerischen Schaffens gewesen ist. An Stelle dieser Haltung ist der Ehrgeiz der Wissenschaft getreten, an Informiertheit es mit jedem hauptstädtischen Mittagsblatt aufnehmen zu können.

Die heutige Germanistik ist eklektisch, das will sagen durch und durch unphilologisch, gemessen nicht am positivistischen Philologiebegriff der Scherer-Schule sondern an dem der Brüder Grimm, die die Sachgehalte nie außerhalb des Wortes zu fassen suchten und nur mit Schauder von »durchscheinender«, »über sich hinausweisender« literaturwissenschaftlicher Analyse hätten reden hören. Freilich ist die Durchdringung von historischer und kritischer Betrachtung keiner Generation seitdem in annähernd ähnlichem Grade gelungen. Und wenn es einen Aspekt gibt, unter welchem die in vieler Hinsicht isolierte in einigen wenigen Stücken – Hellingrath, Kommerell – bemerkenswerte Geschichtsschreibung der Literatur aus dem Kreise Georges sich mit der akademischen zusammenschließt, so ist es, daß sie auf ihre Art den gleichen widerphilologischen Geist atmet. Das Aufgebot des alexandrinischen Pantheons, das aus den Werken der Schule bekannt ist, Virtus und Genius, Kairos und Dämon, Fortuna und Psyche, steht geradezu im Dienst des Exorzismus von Geschichte. Und das Ideal dieser Forschungsrichtung wäre die Aufteilung des ganzen deutschen Schrifttums in heilige Haine mit Tempeln zeitloser Dichter im Innern. Der Abfall von der philologischen Forschung führt schließlich – und nicht zum wenigsten im George-Kreise – auf jene Trugfrage, die in wachsendem Maße die literarhistorische Arbeit verwirrt: wieweit und ob denn überhaupt Vernunft das Kunstwerk erfassen könne. Von der Erkenntnis, daß sein Dasein in der Zeit und sein Verstandenwerden nur zwei Seiten ein und desselben Sachverhalts sind, ist man weit entfernt. Sie zu eröffnen ist der monographischen Behandlung der Werke und der Formen vorbehalten.

»Für die Gegenwart«, heißt es bei Walter Muschg, »darf gesagt werden, daß sie in ihren wesentlichen Arbeiten nahezu ausschließlich auf die Monographie gerichtet ist. Der Glaube an den Sinn einer Gesamtdarstellung ist dem heutigen Geschlecht in hohem Maß verloren. Statt dessen ringt es mit Gestalten und Problemen, die es in jener Epoche der Universalgeschichten hauptsächlich durch Lücken bezeichnet sieht.« Mit den Gestalten und Problemen ringt es – das mag richtig sein. Wahr ist, daß es vor allem mit den Werken ringen sollte. Deren gesamter Lebens- und Wirkungskreis hat gleichberechtigt, ja vorwiegend neben ihre Entstehungsgeschichte zu treten; also ihr Schicksal, ihre Aufnahme durch die Zeitgenossen, ihre Übersetzungen, ihr Ruhm. Damit gestaltet sich das Werk im Inneren zu einem Mikrokosmos oder vielmehr: zu einem Mikroaeon. Denn es handelt sich ja nicht darum, die Werke des Schrifttums im Zusammenhang ihrer Zeit darzustellen, sondern in der Zeit, da sie entstanden, die Zeit, die sie erkennt – das ist die unsere – zur Darstellung zu bringen. Damit wird die Literatur ein Organon der Geschichte und sie dazu – nicht das Schrifttum zum Stoffgebiet der Historie – zu machen ist die Aufgabe der Literaturgeschichte.

Leo Löwenthal

Zur gesellschaftlichen Lage der Literatur

[1932]

I.

Den Schwierigkeiten, die jeder geschichtlichen Bemühung entstehen, ist die Literaturgeschichte in ganz besonderer Weise ausgesetzt. Sie wird nicht nur von allen prinzipiellen Diskussionen über den begrifflichen Sinn und die materiale Struktur des Geschichtlichen mitgetroffen, sondern ihr Gegenstand unterliegt der Kompetenz besonders vieler wissenschaftlicher Disziplinen. Von den eigentlichen Hilfswissenschaften der Geschichte, welche quellenmäßige Sicherheit zu gewähren haben, ganz zu schweigen, treten mit Ansprüchen mannigfaltiger Art Philosophie, Ästhetik, Psychologie, Pädagogik, Philologie, ja sogar Statistik auf. In merkwürdigem Gegensatz zu dieser grundsätzlichen Situation steht im allgemeinen die tägliche Praxis. Es bedarf nicht vieler Worte, um auf das Ausmaß hinzuweisen, in dem die Literatur zum wissenschaftlichen Strandgut wird. Alle möglichen Instanzen, vom »naiven Leser« bis zum angeblich dazu berufenen Lehrer wagen in jeder nur denkbaren Beliebigkeit die Deutung des literarischen Werks. Die relativ große Kenntnis einer Sprache und die Entbehrlichkeit einer gelehrten Fachterminologie erscheinen häufig als zulängliche Voraussetzungen, Literaturgeschichte treiben zu dürfen. Aber auch die eigentliche akademische Literaturwissenschaft scheint keineswegs der Lage ihres Objekts Rechnung zu tragen. Die Tatsache, daß literaturgeschichtliche Arbeit nicht von vornherein eine einheitliche Bemühung, sondern eine zu organisierende wissenschaftliche Aufgabe darstellt, hat nicht etwa dazu geführt, daß ihre Forschungsmethoden sich folgerichtig aus der Komplexität ihres Gegenstandes entwickelt hätten. Damit sollen nicht alle einzelwissenschaftlichen Unternehmungen der modernen Literaturgeschichte getroffen werden, sondern hier, wo das Problem prinzipiell zum Gegenstand gemacht wird, werden auch nur die Prinzipien der Wissenschaft, so wie sie heute vorliegen, berücksichtigt.

Fast alle Gelehrten, die zu dem vor kurzem erschienenen Sammelband ›Philosophie der Literaturwissenschaft‹[1] beigetragen haben, sind sich darüber einig, daß der »szientifische« Weg für die Literaturgeschichte nur in die Irre führe. Nicht nur, daß sie – und dies mit Recht – sich einig wären über die irrationalen Momente am Dichtwerk selbst, sie halten die rationale Methode diesem Gegenstand nicht für angemessen. Als »historischer Pragmatismus«,[2] als »historisierender Psychologismus«,[3] als »positi-

---

[1] Herausgegeben von Emil Ermatinger, Berlin 1930.

[2] Herbert Cysarz, Das Periodenprinzip in der Literaturwissenschaft, a. a. O., S. 110.

[3] D. H. Sarnetzki, Literaturwissenschaft, Dichtung, Kritik des Tages, a. a. O., S. 454.

vistische Methode«[4] verfällt die im 19. Jahrhundert begründete Literaturwissenschaft einem richtenden Urteil. Gewiß entbehren Hettners oder Scherers Werke absoluter Gültigkeit, ja in dieser Wissenschaftler Intention selber hätte nichts weniger als das gelegen, aber alle Bemühungen um Literatur, die einen wissenschaftlichen Charakter aufweisen sollen, sind darauf angewiesen, an diejenigen positivistischen Methoden kritisch anzuschließen, die in den historischen Wissenschaften des 19. Jahrhunderts entdeckt worden sind und deren sie zunächst selbst nicht entraten können.

Isolierung und Simplifizierung des literarhistorischen Gegenstands vollziehen sich freilich in einem höchst sublimen Prozeß. Dichtung und Dichter werden aus den Verflechtungen des Geschichtlichen herausgenommen und zu einer wie immer gearteten Einheitlichkeit konstruiert, von der der Strom der Mannigfaltigkeit abfließt; sie gewinnen eine Würde, deren sich sonstige Erscheinungen nicht rühmen dürfen. »In der Literaturgeschichte sind Taten und Täter gegeben, in der Weltgeschichte nur mehr oder minder verfälschte Berichte über meist unreelle Geschäfte von selten personifizierbaren Firmen.«[5] Diese Weihe kann eine historische Erscheinung nur dadurch gewinnen, daß sie als Erscheinung des Geistes, jedenfalls als ein Sondergebiet eigenen Rechts, gefaßt wird.[6] Nur dann sind ja die positivistischen Methoden prinzipiell unzulänglich, wenn ihr Gegenstand nicht mehr ein solcher der inner- und außermenschlichen Natur und ihrer veränderlichen Bedingungen ist, sondern als in einem Sein höherer Artung ruhend gedacht wird. Mit der Sicherheit eines philosophischen Instinkts wird daher der von Dilthey eingeführte, den geschichtlichen Zusammenhängen verpflichtende Strukturbegriff für das Dichtwerk wieder aufzugeben versucht und zum Begriff des Organischen zurückgekehrt, der »klar, eindeutig und bestimmt das Geistige als die durch Sinneinheit bedingte Individualität des geschichtlichen

---

[4] passim.

[5] Cysarz, a. a. O.

[6] Naiv wird das neuerdings ausgedrückt bei Werner Ziegenfuß, Art. Kunst im Handwörterbuch der Soziologie, 1931, S. 311: »Wollen wir hier Kunst überhaupt als Kunst, Dichtung als Dichtung, und nicht beides nur als sekundäre Begleiterscheinungen letzthin nur körperlicher Vorgänge ansehen, dann muß für das primitive Schaffen ebenso wie für die höchsten Leistungen aller Kunst das Seelisch-Geistige in seiner ursprünglichen Wirklichkeit anerkannt werden.«

Lebens kennzeichnet«.[7] Belastete Ausdrücke wie »Werk«, »Gestalt«, »Gehalt« zielen alle auf eine letztlich metaphysisch begründete und ableitbare, jenseits aller Mannigfaltigkeit sich bewegende Einheit der Dichtung und des Dichters ab. Diese radikale Entfremdung der Dichtung gegenüber der geschichtlichen Realität findet ihren höchsten Ausdruck, wenn Begriffe wie »Klassik« und »Romantik« nicht nur der Geschichte zugeordnet, sondern zugleich metaphysisch verklärt werden. »Auch diese beiden Grundbegriffe der Vollendung und Unendlichkeit sind, wie der oberste Begriff der Ewigkeit, sowohl aus der historischen und psychologischen Erfahrung wie aus der philosophischen Erkenntnis abzuleiten.«[8]

Ihre sachliche Legitimierung glaubt diese geschlossene irrationalistische Front der Literaturwissenschaft darin zu finden, daß die »naturwissenschaftliche Methode« ihren Gegenstand zerstücke, zersetze und, wenn es sich um Ausprägungen der »dichterischen Lebensseele« handele, an ihrem »Geheimnis« vorbeigehe.[9] Der Sinn dieser Überlegungen ist schwer verständlich. Denn inwiefern eine rationale Erfassung dem Gegenstand selber ein Leid antun soll, bedarf noch bis heute des Experiments in der Praxis. Wer ein Phänomen analysiert, kann es sich doch stets in seiner Ganzheit vor Augen halten, indem er das Bewußtsein dessen, was er in der Analyse unternimmt, nicht verliert. Freilich ergeben die in der Analyse gewonnenen Elemente als Summe nur ein Mosaik und nicht das Ganze. Aber wo in aller Welt verlangt wissenschaftliche Analyse solche stückhafte Summation? Und sind denn selbst die naturwissenschaftlichen Methoden allein und dauernd atomistischer Art? Sie sind es ebensowenig, wie es die literaturwissenschaftlichen Methoden dort zu sein haben, wo es für ihre spezifischen Aufgaben ungeeignet ist. Auf der Fahrt ins Ungewisse der Metaphysik hat die Literaturwissenschaft auch den Begriff des Gesetzes mitgenommen. Aber anstatt daß das Gesetz die Bedeutung einer in den Sachen erkannten Ordnung behielte, wird es bereits bei seiner Einführung mit einem neuen und vagen Inhalt vorbelastet. An Stelle der zu erforschenden und dazustellenden Ordnung tritt eine vor-

[7] Emil Ermatinger, Das Gesetz in der Literaturwissenschaft, a. a. O., S. 352.
[8] Fritz Strich, Deutsche Klassik und Romantik, München 1924, S. 7.
[9] Sarnetzki, a. a. O.

gegebene »Sinneinheit«, und als Hauptprobleme der Literaturwissenschaft, die vor der Untersuchung als in bestimmter Weise gesetzlich strukturiert vorausgesetzt werden, erscheinen unter anderem die »dichterische Persönlichkeit« und das »dichterische Werk«.[10] »Persönlichkeit« und »Werk« aber gehören zu denjenigen begrifflichen Konstruktionen, die in ihrer Undurchsichtigkeit und der prinzipiell abschlußhaften Art ihrer Konstruktion die Wissenschaft eben dort von ihren Bemühungen bereits abhalten, wo sie einzusetzen hätten.

Soweit es sich der Literaturwissenschaft um die Abwehr einer Einstellung handelt, die in der Durchführung geschichtlicher, psychologischer und philologischer Einzelanalysen mit der wissenschaftlichen Darstellung von Dichter und Dichtung fertig zu sein glaubt, kann man ihr nur zustimmen. Doch gerade wenn es auf genaue Bestimmung des Kunstwerks und um ihretwillen um das Verständnis seiner qualitativen Beschaffenheit geht, wenn es sich also um Fragen des Wertes und der Echtheit handelt, Fragen, die doch den irrationalistischen Strömungen so sehr am Herzen gelegen sind, dann enthüllen deren Methoden ihre Unzulänglichkeit am deutlichsten; denn unabhängig von der Entscheidung, ob und in welchem Maße die technischen Gesetzmäßigkeiten rational entstanden sind oder nicht: ihre Prinzipien sind nur in rationaler Analyse mit der ihr eigentümlichen Exaktheit aufzudecken. Aber die Literaturwissenschaft hat ihre Abwehrtendenzen so auf die Spitze getrieben, daß sie nun selber in eine Situation gebracht ist, die ihr offenbar überhaupt keinen Ausweg mehr läßt. Die metaphysische Verzauberung ihrer Gegenstände hindert sie an der sauberen Betrachtung ihrer wissenschaftlichen Aufgaben. Diese sind gewiß nicht allein historischer Art, es gibt ein sehr wichtiges literaturwissenschaftliches Problem, das wir mit dem Diltheyschen Ausdruck des »Verstehens« vorläufig kennzeichnen wollen. Mit allen analytischen und synthetischen Methoden gilt es, das in Inhalt und Form Gestaltete aufzugreifen, in seiner schlichten und in seiner tiefer gemeinten Bedeutung zu erfassen, gilt es ferner, die Relation zwischen dem Schöpfer und seinem Gebilde aufzudecken. Freilich werden solche Aufgaben sich nur erfüllen lassen, wenn man sich dessen bewußt ist, daß die Mittel einer formalen Poetik in keiner Weise ausreichen. Ohne eine – im großen und

---

[10] Emil Ermatinger, a. a. O., S. 363 f.

ganzen noch zu leistende – Psychologie der Kunst, ohne eine wirkliche Klärung der Rolle des Ordnungssinns und ähnlicher Faktoren beim Schaffenden und beim Publikum,[11] ohne das Studium der unbewußten Regungen, die an dem psychologischen Dreieck von Dichter, Dichtung und Aufnehmendem beteiligt sind, gibt es keine poetische Ästhetik. Das Bündnis mit einer Psychologie, die das »große Kunstwerk« in mystischen Zusammenhang mit dem Volk stellt, die die »persönliche Biographie des Dichters ... interessant und notwendig, aber hinsichtlich des Dichters unwesentlich«[12] findet, kann freilich die Literaturwissenschaft nur kompromittieren.

II.

Für die gekennzeichneten herrschenden Strömungen ist es charakteristisch, daß sie mit einer Psychologie sympathisieren, die in gleicher Weise wie sie selbst zu einer isolierenden Betrachtungsweise der Phänomene tendiert, ja die es gleichfalls sich angelegen sein läßt, ihren Gegenständen eine geistige Würde zu verleihen, die sie selbst unter Preisgabe wissenschaftlicher Methodik zu erkaufen trachtet. Denn der gleiche Psychologe, der von der Belanglosigkeit der persönlichen Biographie der Dichter spricht, bemerkt zugleich von ihnen: »Sie erkennen, als die ersten ihrer Zeit, die geheimnisvollen Strömungen, die sich unter Tage begeben, und drücken sie nach individueller Fähigkeit in mehr oder weniger sprechenden Symbolen aus.«[13] Es bedarf keines weitläufigen Nachwei-

---

[11] Einer der wichtigsten Hinweise auf eine psychologisch-materialistische Ästhetik findet sich bei Nietzsche: »Manche der ästhetischen Wertschätzungen sind fundamentaler, als die moralischen, z. B. das Wohlgefallen am Geordneten, Übersichtlichen, Begrenzten, an der Wiederholung, – es sind die Wohlgefühle aller organischen Wesen im Verhältnis zur Gefährlichkeit ihrer Lage, oder zur Schwierigkeit ihrer Ernährung. Das Bekannte tut wohl, der Anblick von etwas, dessen man sich leicht zu bemächtigen hofft, tut wohl usw. Die logischen, arithmetischen und geometrischen Wohlgefühle bilden den Grundstock der ästhetischen Wertschätzungen: gewisse Lebensbedingungen werden als so wichtig gefühlt und der Widerspruch der Wirklichkeit gegen dieselbe so häufig und groß, daß Lust entsteht beim Wahrnehmen solcher Formen.« (Werke, 11. Band: Aus dem Nachlaß 1883/88, S. 3.)

[12] C. C. Jung, Psychologie und Dichtung, a. a. O., S. 330.

[13] C. G. Jung, zitiert nach Walter Muschg, Psychoanalyse und Literaturwissenschaft, Berlin 1930, S. 7.

ses, daß eine Untersuchung über die Beziehung zwischen Unbewußtem, dichterischem Symbol und dem individuellen psychischen Faktor dieses Symbols sich mit der Belangloserklärung der »persönlichen Biographie« nicht vereinbaren läßt.

Wichtige Hinweise zu kunstpsychologischen Theorien vermag die Psychoanalyse zu geben. Sie hat Untersuchungen über zentrale Probleme der Literaturwissenschaft zur Diskussion gestellt, besonders über die seelischen Bedingungen, unter denen das große Kunstwerk entsteht, so über den Aufbau der dichterischen Phantasie, und vor allem auch über das bisher immer wieder in den Hintergrund gedrängte Problem des Zusammenhangs von Werk und Aufnahme.[14] Gewiß sind diese Arbeiten noch ganz im Anfang – hat ja doch auch die Literaturforschung kaum etwas zu ihrer Förderung unternommen –, gewiß sind eine Reihe von Hypothesen noch nicht geschliffen und fein genug, noch schematisch und ergänzungsbedürftig. Aber auf die Hilfe der wissenschaftlichen Psychologie beim Studium des Kunstwerks zu verzichten heißt nicht, sich vor »barbarischen Einbrüchen von Eroberern« zu schützen, sondern sich selbst der Barbarei auszusetzen.[15]

Zu dem Verdammungsurteil gegen den »historisierenden Psychologismus«, welcher am Geheimnis der »eigentlichen dichterischen Lebensseele«[16] vorbeigehe, gesellt sich das gegen die historische Methode, besonders aber gegen jede kausal und gesetzesgerichtete Geschichtstheorie, kurzum gegen das, was als der »positivistische Materialismus«[17] von der modernen Literaturforschung aufs strengste verpönt ist. Freilich steht's hier genau wie bei der Psychologie: vor »Übergriffen« schreckt man seinerseits nicht zu-

---

[14] Vgl. an erster Stelle die wichtige Schrift von Hanns Sachs, Gemeinsame Tagträume (bes. den ersten Teil), Leipzig-Wien-Zürich 1924.

[15] Vgl. Muschg a. a. O., S. 15. Übrigens bemüht sich gerade Muschg um die Verwertung psychoanalytischer Methoden und Erkenntnisse. Vgl. sein Buch: Gotthelf, Die Geheimnisse des Erzählers, München 1931; darüber G. H. Graber in: Imago Bd. XVIII, Heft 2, 1932.

[16] Sarnetzki, a. a. O. Was alles an Argumentation gestattet ist, mag folgender – polemisch gemeinte – Satz verraten: »Psychoanalyse gräbt nach innen und sucht triebhafte Naturmächte der Seele, sie analysiert; eine soziologische Betrachtung bemüht sich, Ziele zu erkennen, von denen aus allein das Menschliche gedeutet werden kann, sie komponiert« (Ziegenfuß, a. a. O., S. 312).

[17] Sarnetzki, a. a. O.

rück. Beliebiger wohllautender historischer Kategorien hat sich die moderne Literaturgeschichte stets bedient, ja sie sogar selbst mit erzeugt: da werden Kategorien wie »Volkstum, Gesellschaft, Menschentum«[18] aufgegriffen, es wird von dem Prozeß des »pluralistischen, steigernden« und des »vergeistigenden, artikulierenden Erlebens«[19] gesprochen. Man erfährt von »Wesens«- und »Schicksalsverbänden«, von »Vollendung und Unendlichkeit« als »Grundbegriffen« der »historischen Erfahrung,[20] die Redeweise von »Zeitaltern des Homer, Perikles, Augustus, Dante, Goethe«[21] wird gerechtfertigt, – aber Verachtung und Zorn sind einer Geschichts- und Gesellschaftswissenschaft sicher, wenn sie im Anschluß an die positivistischen und materialistischen Methoden der historischen Forschung, deren Grund im 19. Jahrhundert gelegt worden ist, die Geschichte der Dichtung als soziales Phänomen zu erfassen trachtet. Offen wird es ausgesprochen, daß es um die »Preisgabe des beschreibenden Standpunkts der positivistischen Methode und die Besinnung auf den metaphysischen Charakter der Geisteswissenschaften«[22] gehe. Wir werden noch sehen, daß eine Preisgabe um so leidenschaftlicher da gefordert wird, wo an die Stelle der historischen Deskription die materialistische gesellschaftliche Theorie selber tritt. Selbst die Grenze zwischen Wissenschaft und Demagogie wird verwischt, wenn es sich um die isolierende Verklärung der Kunstbetrachtung handelt: »Dem historischen Pragmatismus ergibt sich vielleicht, daß gutenteils die Syphilis den Minnesang und seine polygame Konvention begraben hat oder die Wiederaufrichtung der deutschen Nachkriegswährung den ... Expressionismus. Die Wesenssicht aber des Minnesangs und des Expressionismus bleiben unmittelbar von solchen Erkenntnissen unabhängig. Die Frage lautet hier eben: was ist er, nicht aber: warum ist er. Dieses Warum eröffnete bloß einen Regressus in infinitum: warum ist am Ende des Mittelalters die Lues eingeschleppt, warum ist Anfang 24 die Reichsmark eingeführt worden und so fort bis zum Ei der Leda.«[23] Dies ist eine Karikatur jeder

[18] Ziegenfuß, a. a. O., S. 337.
[19] Cysarz, Erfahrung und Idee, Wien u. Leipzig 1922, S. 6 f.
[20] Strich a. a. O.
[21] Friedrich Gundolf, Shakespeare; Sein Wesen und Werk, Berlin 1928, Bd. I, S. 10.
[22] Ermatinger, a. a. O., S. 352.
[23] Cysarz, Das Periodenprinzip, S. 110.

echten wissenschaftlichen Fragestellung. Keineswegs verlangt jede kausale Frage einen unendlichen Regreß, sondern wenn sie präzis formuliert ist, so ist sie prinzipiell auch präzis beantwortbar, unbeschadet darum, daß mit dieser Antwort irgendwelche anderen neuen wissenschaftlichen Probleme aufgeworfen werden: die Untersuchung der Ursachen, aus denen Goethe nach Weimar ging, erfordert nicht eine Geschichte der deutschen Städtegründung!

Vergegenwärtigt man sich die in Umrissen beschriebene Lage der Literaturwissenschaft, ihr schiefes Verhältnis zur Psychologie, Geschichte und Gesellschaftsforschung, die Willkür in der Auswahl ihrer Kategorien, die künstliche Isolierung und wissenschaftliche Entfremdung ihres Objekts, dann wird man mit Recht der Forderung eines modernen Literarhistorikers zustimmen, der, unbefriedigt von der »Metaphysizierung«, die in seinem Fach eingerissen ist, Rückkehr zur strengen Wissenschaftlichkeit, leidenschaftliche Ergebenheit an den Stoff, intensive Pflege des reinen Wissens, kurz: neue »Hochschätzung des Wissens und der Gelehrsamkeit«[24] fordert. Wenn freilich Schultz gleichzeitig in bezug auf Konstruktion, Erforschung von Strukturzusammenhängen, übergreifende Theorienbildung sich enthalten möchte,[25] so läßt sich das zwar aus dem Gesagten gut begreifen, doch ist es nicht notwendig. In der Tat ist der Entwurf einer Literaturgeschichte möglich, die ausgestattet mit dem Wissensrüstzeug philologischer und literarischer Forschung es wagen darf, das Dichtwerk geschichtlich so zu erklären, daß sie weder in bloßer positivistischer Beschreibung stecken bleibt, noch sich zur einsamen und verlassenen Höhe metaphysischer Spekulation entfernt.

III.

Es läßt sich natürlich eine Einstellung denken, die solches Entwurfes nicht bedarf, wenn man nämlich die »bewußte Emanzipation der Literaturwissenschaft von der Welthistorie«,[26] ja überhaupt von jedem geschichtlichen und gesellschaftlichen Zusammenhang fordert. Nur verzichtet man damit auf jeden Erkenntnisanspruch und macht aus der Beschäftigung mit der Dichtung

---

[24] Franz Schultz, Das Schicksal der deutschen Literaturgeschichte, Frankfurt a. M. 1928, S. 138.
[25] a. a. O., S. 141 ff.
[26] Cysarz, a. a. O.

selbst wieder Dichtung. Es bleibt dann übrigens bare Willkür, eine solche unverpflichtende, nicht auf kontrollierbare Erkenntnis ausgerichtete Haltung nicht auf alle Erfahrungsgegenstände anzuwenden und die Wissenschaft überhaupt zu vertreiben. Sich mit der Geschichte der Dichtung beschäftigen heißt die Dichtung geschichtlich erklären. Ihre Erklärungsmöglichkeit setzt eine entfaltete Theorie der Geschichte und der Gesellschaft voraus. Dabei soll nicht gemeint sein, daß man sich mit irgendwelchen allgemeinen Zusammenhängen zwischen Poesie und Gesellschaft abzugeben habe, auch nicht, daß ganz allgemein von gesellschaftlichen Bedingungen zu sprechen sei, deren es bedürfe, damit es überhaupt so etwas wie Dichtung gebe,[27] sondern die geschichtliche Erklärung der Dichtung hat die Aufgabe zu untersuchen, was von bestimmten gesellschaftlichen Strukturen in der einzelnen Dichtung zum Ausdruck kommt und welche Funktion die einzelne Dichtung in der Gesellschaft ausübt. Die Menschen stehen zum Zweck der Erhaltung und Erweiterung ihres Lebens in bestimmten Produktionsverhältnissen. Diese stellen sich gesellschaftlich als die miteinander ringenden Klassen dar, und die Entwicklung ihrer Beziehungen bildet die reale Grundlage für die verschiedenen Sphären der Kultur. Von der jeweiligen Struktur der Produktion, d. h. von der Ökonomie hängt nicht nur die Gestaltung der Eigentums- und Staatsverhältnisse, sondern zugleich die der gesamten menschlichen Lebensformen in jeder geschichtlichen Epoche ab. Jede »Geistes«- und »Verstehens«wissenschaft, die sich auf die Autonomie oder mindestens auf die autonome Deutbarkeit gesellschaftlicher Überbaugebilde beruft, vergewaltigt das Wissenschaftsgebiet der menschlichen Vergesellschaftung. Literaturgeschichte als bloße

---

27 Etwa wie bei Ziegenfuß, a. a. O., S. 310: »Damit ist aber keineswegs gesagt, daß in den wirtschaftlichen Beweggründen zugleich die bestimmenden und richtunggebenden Motive für die Eigentümlichkeit der besonderen Formen liegen, die diese autonome Kunst sich gibt. Auch in großer wirtschaftlicher Abhängigkeit des Künstlers entspringen die formenden Notwendigkeiten seines Schaffens, vorausgesetzt, er schafft wirklich Kunst und nicht Kitsch und Mache, aus ganz eigener Selbstbestimmung, und nur die Möglichkeit, daß sie sich überhaupt verwirklichen können, hängt vom Wirtschaftlichen ab. Die Fragen der wirtschaftlichen Selbsterhaltung des Künstlers und der wirtschaftlichen Verwertung der Kunst und Literatur gehören zur Wirtschaftssoziologie.« Also: Ressortfragen statt wissenschaftlicher Prinzipienfragen!

Geistesgeschichte vermag prinzipiell keinerlei bindende Aussagen zu machen, wenn auch in der Praxis Begabung und Einfühlungskraft des Literarhistorikers Wertvolles geleistet haben. Eine echte erklärende Literaturgeschichte aber muß materialistisch sein. Das heißt, sie muß die ökonomischen Grundstrukturen, wie sie sich in der Dichtung darstellen, und die Wirkungen untersuchen, die innerhalb der durch die Ökonomie bedingten Gesellschaft das materialistisch interpretierte Kunstwerk ausübt.

Solange eine solche Forderung bloß erhoben wird, wird sie freilich dogmatisch klingen, ebenso wie die von ihr vorausgesetzte Gesellschaftstheorie diesem Vorwurf ausgesetzt ist, wenn sie nicht im einzelnen ihre Fragestellungen präzisiert.[28] Auf dem Spezialgebiet der Ökonomie und der politischen Geschichte ist dies bereits in breitem Maße geschehen, aber auch in der Literaturgeschichte finden sich Ansätze vor. Hinzuweisen ist vor allem auf die literaturgeschichtlichen Aufsätze von Franz Mehring,[29] der – oft in einer vereinfachten und populären, oft auch in einer nur politisch fundierten Weise – zum ersten Male die Anwendung der materialistischen Gesellschaftstheorie auf die Literatur versucht hat. Freilich ist wie an den oben erwähnten psychologischen Einzeluntersuchungen auch an den materialistischen Arbeiten Mehrings und ihm verwandter Autoren die Literaturgeschichte vorbei zur Tagesordnung oder zum Tagesgeschimpf übergegangen; so hat sie noch in jüngster Zeit einen Anwalt gefunden, für den »solche Denkweise ... nicht nur unsoziologisch oder der wissenschaftlichen Soziologie entgegengesetzt« ist, sondern dem sie »wie eine

---

[28] Darum muten auch oft die geisteswissenschaftlich orientierten Arbeiten so dogmatisch und willkürlich an, weil sie ins unzugänglich Allgemeinste verschwimmen. Vgl. z. B. Strich, a. a. O., S. 401: »Es verstand sich natürlich von selbst, daß diese Betrachtung in der Geschichte der Dichtung auf das ganze Menschentum und all seinen, nicht nur formalen, Ausdruck erweitert werden mußte. Es wird sich noch zeigen, daß auch Musik und Religion und jegliches Kultursystem sich so erfassen läßt und daß die grundbegriffliche Durchdringung der ganzen Geschichtswissenschaft die Geschichte des Geistes erst als das offenbar machen wird, was sie wirklich ist: die stilistische Verwandlung des geistigen Willens zur Verewigung.«

[29] Jetzt gesammelt: in Schriften und Aufsätze 1. u. 2. Bd.: Zur Literaturgeschichte, Berlin 1929, ferner auch sein Buch ›Die Lessinglegende‹ 9. Aufl. Berlin 1926.

Schmarotzerpflanze« vorkommt, die »einem Baum seine gesunden Säfte entzieht«.[30]

Die materialistische Geschichtserklärung vermag nicht in der gleichen simplifizierenden und isolierenden Art und Weise vorzugehen, die wir an der ihr entgegengesetzten Haltung festgestellt haben. Es hieße jene Theorie schlecht verstehen, wollte man ihr den Glauben an eine unmittelbare Ableitung der Gesamtkultur aus der Wirtschaft zuschieben, ja wollte man nur von ihr behaupten, sie versuche die Grundzüge kultureller und psychischer Gebilde aus einer bestimmten ökonomisch erklärten Struktur abzulesen. Es kommt ihr vielmehr darauf an, zu zeigen, in wie vermittelter Weise sich die grundlegenden Lebensverhältnisse der Menschen in allen ihren Formen, also auch in der Literatur, ausdrücken. Damit gewinnt die Psychologie ihren ganz bestimmten Ort in der Literaturwissenschaft: sie ist eine, nicht die einzige, Hilfswissenschaft der Vermittlungen, indem sie aufzeigt, welches die psychischen Vorgänge sind, durch die in den Kulturleistungen des Kunstwerks sich die Strukturen des gesellschaftlichen Unterbaus reproduzieren. Da sich diese Basis der Gesellschaft als das Verhältnis von herrschenden und beherrschten Klassen in der bisherigen Geschichte und als der »Stoffwechsel« von Gesellschaft und Natur darstellt, so wird auch in der Literatur wie bei allen historischen Phänomenen dieses Verhältnis durchscheinen. In der gesellschaftlichen Erklärung des Überbaus – nicht etwa in der gesellschaftlichen Theorie schlechthin – nimmt darum der Begriff der Ideologie eine entscheidende Stelle ein. Denn die Ideologie ist ein Bewußtseinsinhalt, der die Funktion hat, die gesellschaftlichen Gegensätze zu vertuschen und an Stelle der Erkenntnis der sozialen Antagonismen den Schein der Harmonie zu setzen. Die Aufgabe der Literaturgeschichte ist zu einem großen Teil Ideologienforschung.

Den Vorwurf, noch unentwickelte Methoden und einen zu rohen Begriffsapparat zu besitzen, kann die materialistische Geschichtstheorie ruhig hinnehmen. Sie darf demgegenüber darauf

---

[30] Ziegenfuß a. a. O., S. 330 f. – Wie legitimiert Z. zu solcher Kritik ist, belegt er selbst, indem er als – einzigen – Kronzeugen für diese »Denkweise« Alfred Kleinbergs Buch über »Die deutsche Dichtung« zitiert – ein Werk, das den äußerst zweideutigen, jedenfalls nicht materialistischen Untertitel trägt: »... in ihren sozialen, zeit- und geistesgeschichtlichen Bedingungen«!

verweisen, daß sie immerhin diese Unvollkommenheit dem wissenschaftlichen Fortschritt zur Diskussion stellt und überhaupt alle ihre vermeintlichen Ergebnisse so formuliert, daß sie der Kontrolle des Wissenschaftlers wie der möglichen Veränderung durch neue Erfahrungen ausgesetzt sind und nicht sich zu Gebilden verflüchtigen, die vielleicht verzaubern und die Erkenntnis bestechen, aber nicht sich an ihr zu bewähren vermögen. Diese Theorie darf sich weiterhin sagen lassen, daß sie letzten Endes Glaubenssache wäre; sie ist es in dem Sinn, in dem jede wissenschaftliche Hypothese nicht abgeschlossen und ein für allemal gesichert, sondern stets durch neue Erfahrung zu bestätigen oder abzuändern ist. Sie hat aber gegen die bloße Verkündung der reinen Geisteswissenschaft den Vorteil möglicher Verifikation innerhalb der organisierten Wissenschaft.

[...]

HERMANN AUGUST KORFF

Die Forderung des Tages
[1933]

Wie immer man die großen Ereignisse empfinden möge, von denen wir in der Gegenwart wie auf gewaltigen Wogen dahingetrieben werden – nach einer Zeit so qualvoller Ratlosigkeit sind sie von einer wahrhaft befreienden Wirkung gewesen. Die Entscheidung ist gefallen, unser Schicksal hat sich enthüllt, die Nacht ist von uns gewichen, und wie wir uns in der Helle umsehen, wissen wir: eine neue Epoche der deutschen Geschichte ist angebrochen – und uns ist die Gnade zuteil geworden, dabei zu sein. Was diese neue Epoche bedeutet, das wäre vermessen hier mit wenigen Worten umreißen zu wollen. Auf jeden Fall: einen Aufbruch des deutschen Geistes aus langer Fremdherrschaft und eine Einkehr in das eigene Wesen, dessen wahre Art uns erst durch seine tötliche Gefährdung recht bewußt geworden ist.

Von diesem Zeitalter empfängt auch die Deutschkunde einen vertieften Sinn und eine erhöhte Bedeutung. Sie darf zwar einerseits das Bewußtsein haben, an ihrer Stelle geistig mit vorbereitet zu haben, was erst die politische Form erhalten mußte, um historisch in großem Stile fruchtbar zu sein. Sie empfängt aber auch umgekehrt durch das politische Pathos nicht nur einen ungeheuer verstärkten Antrieb, sondern auch eine weit entschiedenere Form, und sie wird dadurch zu erneuter Besinnung auf ihre Ziele und Wege, aber auch auf ihre gesteigerten Ansprüche hingewiesen. Auch die Deutschkunde wird aus ihrem besinnlichen Zustand in den großen Schwung der sich erneuernden Zeit hineingerissen, und sie müßte nicht sein, was sie ist, wenn sie sich nicht von dem gewaltigen Geiste neu befruchtet fühlte, der aufbauend und niederreißend wie ein Frühlingswind über die deutschen Lande geht.

Die Deutschkunde ist eine *praktische* Wissenschaft. Sie ist das zwar immer gewesen, aber sie wird erst jetzt den rechten Mut bekommen, sich als solche zu bekennen. Sie dient nicht dem bloß theoretischen Wissen, sondern mit diesem Wissen dem Leben: und zwar dem heiligen Leben, das sie nach seinen Quellen, seinem Werden und seinem sich bildenden Wesen erforscht, um es aus dem Gefühl für seinen Grund und Kern zu bilden, zu gestalten und im eigenen Geiste zu vollenden. Ihre praktische Aufgabe – Volkserziehung und Volksgestaltung durch die Kraft und Richtung verleihende Verbindung des Deutschen Volkes mit den großen Formen seiner Vergangenheit, die nicht »Vergangenheiten« sondern »Vorfahren« sind und damit zu der lebendigen Substanz gehören, aus der wir uns immer wieder erneuern – diese ihre praktische Aufgabe gibt der Deutschkunde als Wissenschaft bestimmte Ziele und bestimmte Grenzen, die sie niemals haben könnte als »*reine* Wissenschaft«.

Aber die Zeit dieser reinen Wissenschaft ist vorbei. Wie die Wissenschaft ursprünglich eine Funktion des Lebens ist, so erfüllt die Wissenschaft nur ihren Lebenssinn, wenn sie letzten Endes wiederum dem Leben dient. Und eine nicht mehr dem Leben dienende Wissenschaft wird vom Leben selber ausgestoßen wie alles Tote. Das besagt freilich nicht, daß jede Erkenntnis und jedes Forschen einen unmittelbar *erkennbaren* Lebenssinn und Lebensbezug besitzen müßte. »Pragmatismus« in diesem »amerikanischen« Sinne wäre nichts als eine Banalität. Aber auch wo dieser Sinn nicht unmittelbar *erkennbar* ist, muß er doch als solcher *vorausgesetzt* werden. Und jeder Wissenschaftler muß den Glauben des Kolumbus haben, gerade mit seiner Fahrt ins Unbekannte den gesuchten Seeweg nach Ostindien zu entdecken – wofern das Volk ihm seine »Schiffe« zur Verfügung stellen soll. Ziellose Kreuz- und Querfahrten auf dem Ozean des Nichtwissens, bloße beliebige

Wissensvermehrung – die Sünde des Positivismus – sind keine Wissenschaft, sondern Don Quichoterien.

So verstanden aber ist Deutschkunde das Gegenteil von Historismus, sie ist *Politik*. Denn ihr Gegenstand ist nicht das Vergangene, sondern durch und durch das Lebendige – das nämlich was von der Vergangenheit in uns lebendig ist, *unser* Leben nach seiner gewordenen Substanz: historische Besinnung auf unser wahres Selbst, auf die Kräfte unseres Selbst und auf die Gefahren, die es bedrohen und denen wir mehr als einmal erlegen sind. Mit Recht wirft Hitler in seinem Buche den Deutschen vor, daß sie so schlecht verstanden haben, aus ihrer Geschichte zu *lernen*. Denn ihm ist die Geschichte im wesentlichen die aufgespeicherte »Erfahrung« eines Volkes, von der es eben vor allen Dingen lernen muß. Und wer wollte leugnen, daß das im Grunde genommen die natürlichste und fruchtbarste Art ist, Geschichte zu treiben und zu betrachten. Zweierlei Erfahrungen aber vermag uns die Geschichte zu geben: große, erhebende, d. h. solche, die uns belehren über die großen Möglichkeiten unseres Volkes, die uns anspornen, es ihnen gleich zu tun und in ihrem Sinne und aus ihrem Geiste zu leben – »monumentale Historie« im Sinne Nietzsches – und schmerzliche und beschämende, die uns über die Gefahren unseres Wesens und unseres Schicksals aufzuklären vermögen. Beide sind gleichermaßen wichtig und fruchtbar für Erhaltung und Vollendung unseres Volkstumes, und mit beiden dient die Deutschkunde seinem Leben.

Die Deutschkunde hat den Historismus immer bekämpft – mag sie ihm auch hie und da und gegen ihren Willen erlegen sein – aber jetzt erst ist ihr zu radikalem Durchbruch ganz der Mut gekommen. Und sie wird radikal die Konsequenzen ziehen aus der nun klar erkannten Voraussetzung, daß sie wie jede lebendige Wissenschaft eine *politische Wissenschaft* darstellt, deren Methode und Wertsystem von ihrem politischen Ziele her bestimmt werden muß. Dieses Ziel ist das deutsche Volk, als das heilige Vermächtnis, das wir alle in uns tragen, aus dem wir leben und an dessen innerer Substanz und äußerer Form zu wirken *und fortzubilden* jedes Einzelnen tiefverantwortungsvolle Aufgabe ist. Und dieses Volk sehen wir heute wieder als ein Ganzes, alle Einzelnen aber nur als individualisierte Glieder dieses Ganzen, die ihren Sinn und Wert vor allem in der Bedeutung für dieses Ganze haben. (Die Unmittelbarkeit jedes Einzelnen zu Gott bleibe hier außer Betracht.) Deutschkunde versteht darum alles Einzelne nur als Ausdruck dieses Ganzen und seiner organischen Entfaltung. Und an dem großen gewaltigen Bilde unserer »Geschichte«, d. h. unseres Seins und Werdens, lernen wir konkret erkennen, was wir *sind* und *noch nicht* sind und darum *werden müssen*.

Aber es handelt sich nicht allein um bloßes »Lernen«. Gerade das ist es, was als die wichtigste Konsequenz der Idee einer politischen Wissenschaft gezogen werden muß. Denn nichts wird in uns fruchtbar, was nur im Bereiche des Erkennens bleibt, nicht aber zum Gefühlserlebnis wird, das auf unser handelndes Leben wirkt und darin gestalterische Kraft gewinnt. Es genügt nicht, theoretische »Kunde« zu haben von deutschem Wesen und von deutscher Geschichte. Diese Kunde muß durchblutet sein von einem leidenschaftlichen Gefühl – und darum leidenschaftliches Gefühl erregen.

Von diesem Gefühle muß zunächst das Eine gelten: es muß in ausgesprochenem Maße den Charakter des *Wertgefühles* haben. Denn nur deshalb blicken wir auf die geschichtliche »Schichtung« unseres Wesens zurück, weil das, was wir dort erschauen, für uns einen ungeheuren subjektiven *Wert* besitzt – positiv oder negativ, gleichviel –, weil es alles andere als etwas Gleichgültiges für uns ist, gleich gültig wie jeder andere Wissensstoff. Wir wollen um unsere »Vergangenheit« nicht nur *wissen,* sondern müssen uns heute und immer wieder leidenschaftlich mit ihr auseinandersetzen, weil sie in uns lebendig ist, weil wir ihre »Folgen« am eigenen Leibe spüren, in unserem eigenen Leibe tragen und weil von der Art, wie wir unsere Vergangenheit betrachten, unsere Zukunft abhängt, die nun einmal aus dieser Vergangenheit und auf dem von der Vergangenheit geschaffenen Boden erwachsen muß. Auch darin also haben wir einen veränderten Begriff von Wissenschaft: nicht *wertfreie* Wissenschaft, sondern Wissenschaft, die all ihr *objektives Wissen* in den Dienst einer *subjektiven Wertung* stellt, aber einer Wertung, deren Wertmaßstäbe aus dem völkisch organisierten Leben stammen, weil sie eben im Dienst dieses Lebens stehen.

Aber das ist nur das Eine. Das Zweite, was das Gefühl betrifft und wodurch wir uns abermals von dem Ethos vergangener Wissenschaft unterscheiden müssen, ist *Ehrfurcht* vor dem Leben, die nicht nur der frevlen Neugier, sondern auch dem ernsten Forschen bestimmte biologische Grenzen setzt. Nicht alles können wir aufklären – und mit diesem Unvermögen setzt das Leben selbst dem auflösenden und »erklärenden« Intellekte immanente Grenzen –, aber nicht alles sollen wir auch aufklären *wollen*, d. h. wir sollen trotz allem Forscherwillen ein Gefühl dafür behalten, daß das, was hier zum Gegenstande berechtigter Wißbegier gemacht wird, kein gleichgültiger Gegenstand, sondern letzten Grundes ein *Heiligtum* ist, das den Charakter des Heiligen auch für den Forscher nie verlieren darf. So sehr wir also einerseits dazu aufgerufen werden, uns mit der Geschichte auseinanderzusetzen, und das heißt unvermeidlich auch kritisch auseinanderzusetzen, so muß dieser Kritik doch die Grenze der Ehrfurcht gezogen bleiben, mit der wir auch unsere Vorfahren nur, aber überhaupt all unsere Ursprünge und alles Ursprüngliche, d. h. Göttliche, vor unser Urteil ziehen. Wir haben nicht das Recht zu *jeder*, sondern nur zu *ehrfürchtiger* Kritik. Und Ehrfurcht heißt, praktisch genommen, ein selbstverständliches »Dennoch« trotz aller Kritik. Was wir unserer Geschichte und unserem Wesen gegenüber zu üben haben, das ist nicht wissenschaftlich »objektive« Kritik, sondern eine zwar durch und durch *wahrhaftige*, aber zugleich doch *ehrfürchtige* Kritik, die sich nicht anmaßt, Leben und Gott in ihren letzten Gründen zu »richten«. Die notwendige Ergänzung dazu ist freilich die Bescheidenheit im Positiven. So sehr die Deutschkunde auf der einen Seite letzten selbstverständlichen Respekt vor allem Deutschen fordert, wo wenig verträgt sie sich mit eitler *Ruhmredigkeit*. Wir wissen um unseren Wert, und Deutschkunde ist wesentlich Kunde deutschen *Wertes*. Aber je mehr wir darum wissen, desto verhaltener wollen wir davon reden. Das ist deutsch; und immer wenn wir anders gehandelt haben, sind wir wie in der Gegenwart von außen her dazu gezwungen worden.

Es bedarf nach all dem keines Wortes, daß die Deutschkunde das selbstverständliche Kerngebiet deutscher Bildung ist. Diese Forderung, von uns immer erhoben, wird heute von niemandem ernstlich mehr bestritten werden. Und sie gilt für Schule und Hochschule gleichermaßen. Sie ist der gegebene Boden, auf dem sich der Bau der »politischen« Schule und Hochschule erheben wird. Diesen Boden zu bereiten und am Aufbau dieses Werkes mitzuarbeiten wird auch fürderhin das vornehmste Ziel und das leidenschaftliche Streben dieser Zeitschrift sein.

Karl Vietor

Die Wissenschaft vom deutschen Menschen in dieser Zeit

[1933]

> »Wahr ist's, wir Deutschen kamen spät; desto *jünger* aber sind
> wir. Wir haben noch viel zu tun . . .«   Herder.

I.

Durch den Sieg der nationalsozialistischen Bewegung ist allen völkischen Kräften in Deutschland ein ungeheures Feld eröffnet.
Ohne Übertreibung darf man behaupten, daß jetzt und hier eine
neue Epoche der deutschen Geschichte beginnt. Die endliche Entscheidung und die gewaltige Wucht, mit der sie sich vollzieht,
schafft für jedes einzelne Dasein und jedes einzelne Tun einen
neuen Grund, einen neuen Raum, ein neues Ziel. Das längst brü-
chige Gebäude der liberalistischen Ideen und der zu ihnen gehöri-
gen Wirklichkeit ist zusammengebrochen. Die Deutschen haben
sich in Marsch gesetzt, in neuer Haltung und zu neuen Zielen.
Aber ob die im mythischen Bild des »Dritten Reiches« beschwo-
rene Vision des neuen Deutschlands so verwirklicht wird, wie es
die Führer und die Besten unter uns wünschen und wollen, das
wird einzig davon abhängen, was an schöpferischen Kräften mo-
bilisiert wird, was wir alle an ausdauernder Bereitschaft aufbrin-
gen, schließlich: was das Schicksal diesmal den Deutschen ver-
gönnt. Auf die Politik kam es zunächst an. Die nationalsozialisti-
sche Bewegung hat die neue politische Wirklichkeit, den neuen
Staat geschaffen; sie hat seine Form gegeben, und das heißt: die
Möglichkeit dazu, daß er zu einem neuen vollen Volksorganismus
auswachse. Das ist viel, das ist das Erste und Nötigste, aber es
ist nicht alles. Es ist ein Aufruf, ein Befehl an das deutsche Volk,
mit seinem Wollen und Vollbringen, seiner nachströmenden Kraft
auszufüllen, was da als großartige Möglichkeit von der härtesten,
der willentlichsten Kraft der Nation hingestellt worden ist. Der
Führer hat es ausgesprochen, daß, was die in der Partei zusam-
mengefaßte Kraft des völkischen Kerns erkämpft hat, nun von
der Gesamtheit der Nation erkannt, aufgenommen und angeeignet
werden muß, damit aus der programmatischen Möglichkeit volle
Volkswirklichkeit werde. Neues Volkstum als Inhalt des neuen
Staats! Wer geschichtliches Leben versteht, der weiß, daß dies ge-

waltige Werk von keinem Gott geschenkt, von keinem einzelnen Menschen hervorgezaubert werden kann. Sondern daß es in einem langen, mühsamen Vorgang von uns allen, von der mobilisierten Gesamtheit aller, die guter Art, guten Geistes und guten Willens sind, Schritt für Schritt erobert werden muß. Alles was jetzt getan werden muß, sollte in dem entschlossenen Geist des Vorwärtsdranges geschehen, der eines der wichtigsten Bestandteile des »Frontgeistes« war. Das gilt gewiß für die nationale Erziehung, gilt auch für die Wissenschaft, die der nationalen Erziehung allerwichtigste Inhalte und Mittel bereitstellt: für unsere, für *die Wissenschaft vom deutschen Menschen* in seinen gestalteten Äußerungen.

II.

Wenn man als gläubiger Mitarbeiter an den Bestrebungen der Gesellschaft, deren Name auch im Titel unsrer Zeitschrift erscheint, der *Gesellschaft für Deutsche Bildung,* auf die Bestrebungen dieses Kerntrupps zurückblickt – auf die zwanzig Jahre entschlossenen und unermüdlichen Kampfes um Dinge, die wohl in jeder andern Nation sich leicht würden durchsetzen lassen und vielleicht nur in Deutschland überhaupt eigens durchgesetzt werden müssen ... wenn man zurückblickt und sich vergegenwärtigt, was diese vielverkannte, tapfere Schar schon vor Jahren als Programm der Deutschwissenschaft und der deutschen Bildung verkündet hat, dann drängt sich einem deutlich auf: dies nationalpädagogische Programm der Gesellschaft für Deutsche Bildung ist, mit einigen Änderungen und Erweiterungen, ein gutes Programm auch für die zu leistende Arbeit des nationalen Aufbaus, soweit er die Wissenschaft vom deutschen Menschen und die Erziehung zum deutschen Menschen betrifft. Da steht in Friedrich *Panzers* kanonischer Schrift über ›Deutschkunde als Mittelpunkt deutscher Erziehung‹ schon im Jahre 1922: »Die Erhebung kann nur aufwachsen auf dem Grunde der genauesten Kenntnis des Wesens unseres Volkes, seiner Leistungen in Vergangenheit und Gegenwart und damit seiner angeborenen Kräfte und Mängel«. Und: »Es ist die unausweichliche Forderung unserer Zeit, daß die Deutschkunde in den Mittelpunkt unserer öffentlichen Erziehung gestellt werde.« Das gilt so heute wie damals. Wenn man diese Sätze liest und etwa die noch, mit denen Panzer im März 1920 das erste Mitteilungsblatt des Germanisten-Verbands eröffnete (ich muß es mir leider versagen, daraus zu zitieren), so sieht man, daß in dieser tief na-

tionalen Bildungsbewegung alles das angelegt und gefordert
wurde, was wir heute aus der Gesamtaufgabe des totalen Natio-
nalstaates in Angriff nehmen müssen. *Ein* Irrtum nur hat dies
großartige Programm damals an der Entfaltung gehindert: der
Irrtum, daß der Weimarer Staat einem so bestimmt nationalpädagogischen Programm Luft und Licht zur Entfaltung gewähren
werde. Jetzt aber ist für den Deutschwissenschaftler und Deutschlehrer die Zeit angebrochen, in der er endlich – und zwar nicht
nur geduldet von der allgemeinen Kulturpolitik des Staates, sondern ausdrücklich an die Front gestellt durch den mächtigen Gang
der politischen Dinge und den großen Zug, den deutsche Kulturar-
beit nun entfalten muß – in der er endlich in den Stand gesetzt
ist, aus seiner Wissenschaft in Forschung und Lehre zu machen,
was sie nach ihrer reinsten Bestimmung und nach ihrer erlauchten
Herkunft aus der »deutschen Bewegung« sein soll: *Wissenschaft
vom deutschen Volk für das deutsche Volk.*

III.

Deutsche Bildung ... der Begriff der *Bildung* ist durch langen
Gebrauch und den Mißbrauch im Mund der liberalistischen Epigo-
nen so entwertet, daß es nötig ist, wieder auf seinen echten Sinn
zurückzugreifen. Bildung, sagt *Lagarde,* ist die Form, in der die
Kultur von den Individuen besessen wird. So ist es auch. Deutsche
Bildung ist die Form, in der deutsche Menschen die nationalen
Kulturgüter besitzen. In solchem echten Bildungsvorgang treffen
und durchdringen sich Individuum und Gemeinschaft, Person und
Nation. Die nationalen Kulturgüter müssen durch einen solchen
Vorgang des geistigen Handelns, des Ergreifens, ausdrücklich an-
geeignet werden. Vaterland, Deutschland, Deutschtum ... heilige
Worte, von höchstem Geistes- und Glaubenswert! Aber etwas an-
deres ist es, national empfinden, als mit dem Gefühl eine bestimmte
Anschauung verbinden. Gewiß: ohne Gefühl kein Begriff, wie ohne
Begeisterung keine große Tat. Aber nie kann es Völkern des neu-
zeitlichen Kulturstandes erspart bleiben, sich ihrer Sonderart *bewußt* zu werden und so erst zu besitzen, was sie sind. Oskar *Hagen*
hat in seinem schönen Buch über ›Deutsches Sehen‹ als unsere völkische Bildungsaufgabe bestimmt, daß wir aus National*gefühl* zu
National*bewußtsein* kommen müssen. Das sei ein Unterschied wie
zwischen Instinkt und Vernunft. »Wir pflegen leider im bloßen
National*gefühl* steckenzubleiben. Freilich besitzen wir davon ein

gehäuftes Maß als die nationalstolzesten der europäischen Nachbarn. Heimweh ist das Vorrecht der Germanen; allein was zählt der Hang zur heimatlichen Scholle, wenn deren wahrer Wert unbekannt bleibt? Selbstvertrauen hat noch keiner aus seinem Heimweh gemünzt, und könnte es doch, wenn er nur aus dumpfen Gefühlen zum wachen Bewußtsein sich aufraffen wollte: zur hellen Einsicht in das Wesen seines völkischen Organismus«. Das gilt für alle Völker, für das *deutsche* gilt es ganz besonders. Uns ist es aufgegeben, uns selbst zu verstehen; nicht nur, weil ohne Begriff, ohne Anschauung von sich selbst im Zeitalter der Nationalstaaten kein Volk mehr bestehen kann. Mehr noch: weil wir zur eigentümlichen, zur totalen Nationalität erst noch kommen müssen. »Die Nationalität der Deutschen erhalten kann nur der, welcher einsieht, daß sie ganz und gar noch zu wecken ist« (Lagarde). Das alles ist nicht ein beiläufiger Programmpunkt der Deutschwissenschaft und der nationalen Erziehung. Wie immer in andern Zeitaltern sich die Aufgabe gestellt haben mag oder stellen wird, heute ist es die aus der neuen Lage der Deutschen, der staatlichen, sozialen, geistigen sich ergebende Hauptforderung, daß die Wissenschaft vom deutschen Menschen zusammengefaßt und beherrscht wird von der Frage nach Art und Charakter des Deutschen. *Deutschwissenschaft als Organ des deutschen Selbstverständnisses* – das ist es, was unsere Wissenschaft nun in vollstem Sinne werden muß. »Lasset uns unsre eigenen Äcker, die Felder unserer Väter und Urväter bauen; hier blüht unser Glück« (Herder).

IV.

Was ist das deutsche Wesen? Was unterscheidet den deutschen Menschen? Der *deutsche Nationalcharakter,* abgelesen, aufgefaßt, gedeutet in seinem Ausdruck . . . einfach zu sagen, was unter Nationalcharakter zu verstehen sei; aber wie schwer, zu sagen, welches nun der eigentümlich *deutsche* ist? »Deutscher Charakter, deutsche Natur und allgemein deutsches Wesen ist uns dasjenige, welches den Grundzug des Denkens und Handelns jedes Deutschen – auf welcher Stufe des Bewußtseins und der Empfindung er sich auch finde – ausmacht; es ist uns dasjenige, welches dem deutschen Denken und Handeln, so persönlich es sich auch darstellen, ja so verkehrt es sich auch hier und da immer aussprechen möge, bleibend zum Grunde liegt« (Fröbel). Da ist von Denken und Handeln nur die Rede. Vom Weitesten, vom *Wesen* der Nation reden die schönen Sätze Herders: »Wie ganzen Nationen *eine Sprache* eigen ist, so sind ihnen auch gewisse Lieblingsgänge der Phantasie, Wendungen und Objekte der Gedanken, kurz ein *Genius* eigen, der sich, unbeschadet jeder einzelnen Verschiedenheit, in den beliebtesten Werken ihres Geistes und Herzens ausdrückt. Sie in diesem angenehmen Irrgarten zu belauschen, den Proteus zu fesseln und redend zu machen, den man gewöhnlich *Nationalcharakter* nennt und der sich gewiß nicht weniger in Schriften als in Gebräuchen und Handlungen der Nation äußert; dies ist eine hohe und feine Philosophie. In den Werken der Dichtkunst d. i. der Einbildungskraft und der Empfindungen wird sie am sichersten geübt, weil in diesen die *ganze Seele* der Nation sich am freiesten zeiget.« Aber freilich: »den Proteus zu fesseln und redend zu machen«, das ist keine leichte Sache. Ein Proteus ... ja, der *deutsche* Nationalcharakter, deutsches Wesen verdient diesen Namen gewiß vor andern. Was es sei, dies deutsche Wesen – eine so allgemeine und abstrakte Fragestellung kann überhaupt nur derart zu wissenschaftlichen Antworten gelangen, daß sie abgewandelt wird in die allein mögliche: was ist das deutsche Wesen, was macht die deutsche Sonderart in den einzelnen Gezeiten der deutschen Geschichte aus? Das ist eine ganz große, schwierige Forschungs- und Deutungsaufgabe für die Wissenschaft vom deutschen Menschen. Aber was für Ausblicke tun sich auf! Dies ist die Aufgabe, die von dieser Zeit, von der gegenwärtigen Lage der Nation uns Germanisten gestellt wird. Dies will man von uns hören, darauf müssen wir unsern Blick richten. Und nur dies kann heißen, unsre Wissenschaft politisieren. Der politische Mensch ist der Mensch, »der, indem er sich selbst einordnet, an das Ganze denkt und für das Ganze handelt« (J. W. Mannhardt in seiner wichtigen Schrift ›Hochschulrevolution‹, 1933). Mit solcher Leistung muß sich die Deutschwissenschaft in das Ganze der nationalen Revolution einordnen und für das Ganze denken, handeln. Wer so Großes zu wollen und zu tun hat, wie das gegenwärtige deutsche Geschlecht, braucht Helligkeit des Bewußtseins und Sicherheit in den Inhalten seines Wissens von sich selbst, wenn sein Werk gelingen soll. Fichte sagt: »Der Mensch kann nur dasjenige wollen, was er liebt«. Man kann aber auch wirklich lieben nur, was man kennt, was man erkannt hat.

Damit die Deutschwissenschaft diese politische Sendung erfüllen kann, muß sie aber in einer Haltung ans Werk gehen und in einer

Haltung ihr Wissen der Nation künden, die durchaus von dem aktivistischen Geist getragen ist, der diese revolutionäre Epoche mit der kommenden des Aufbaus verbinden wird. Wir glauben mit Dilthey: was der deutsche Mensch sei, sagt die deutsche Geschichte. Und wir behaupten, daß die Dichtung die vollsten, stärksten Kundmachungen des Nationalgeistes enthält, auch klarer und allgemein faßbarer als in den andern Künsten und in der Philosophie. Denn hier spricht, wie Herder sagt, »die *ganze Seele* der Nation am freiesten«. Aber nun: es handelt sich für die neue Forschung und Deutung nicht nur darum, zu schauen, zu erkennen; nicht nur darum, aus der Geschichte zu verstehen, was wir waren, was wir zu sein vermochten, wo wir versagten, wo wir groß waren. Dies alles müssen wir freilich wissen. Aber wir müssen dieses Wissen, das gewonnen ist aus Antrieben des neuen, des gegenwärtigen Geistes der deutschen Lage, auch auszudeuten, auszubeuten verstehen im Geiste dieses Jetztundhier.

Die ganze »Seele der Nation« ist in den Dichtwerken ausgedrückt. Aber nicht das allein ist es, was sie enthalten. Ein Zeitalter mit heroischen Idolen und so stark willentlicher Haltung wird die Dichtungen der deutschen Vergangenheit auch als Ausprägungen nationalen *Wollens* zu verstehen lernen. Das innere Leben unsrer Ahnen ist in den Kunstgebilden aufbewahrt: ihr Fühlen, die spielende Phantasie und die Weisheit der Väter – aber auch ihr Glaube, der mit der ewigen Fragwürdigkeit des Lebens auf ihre besondere Art fertig wurde, ihre Kraft, ihr Heldentum und das Ethos, aus dem sie handelten. Deutsche Sprach- und Literaturgeschichte sind, wenn man diese Schätze zu heben versteht, nicht nur Geschichte von Formen, von seelischen Erlebnisweisen, von Denkarten; sondern auch Wissenschaft der nationalen Ethik, Wissenschaft vom nationalen Wollen und seinen eigentümlichen Grundsätzen. Einem aktivistischen Zeitalter muß man solche Dinge zeigen, und das alte Wahre wird auf neue Weise gegenwärtig werden. Ist z. B. der *humanitäre* Goethe zu abstrakt, zu besinnlich für die revolutionäre Epoche, dann zeige man ihr den *alten* Goethe, den Propheten des wirklichkeitshaften, des rastlos aktiven Geistes, und der junge Mensch von 1933 wird sich nicht mehr bei der ahnungslosen Redensart beruhigen, daß Goethe 1932 nun endgültig gestorben sei.

V.

Die hier erhobene Forderung, daß unsre Wissenschaft, wie es die
gegenwärtige Lage des politischen und des kulturellen, des willent-
lichen und des geistigen Deutschlands verlangt, jetzt vor allem
Organ des deutschen Selbstverständnisses zu sein hat – diese Forderung wird, wenn wir nun daran gehen sie zu erfüllen, die
Deutschwissenschaft, vor allem die Literaturwissenschaft, vor neue
Aufgaben stellen. Wird es da mit den alten Methoden gehen, wird
man neue entwickeln müssen? Man darf allgemein sagen, daß die
in der letzten Periode herausgebildete Richtung, die man die geistes-
geschichtlich- phänomenologische nennen mag, der beschriebenen
Aufgabe gewachsen ist. Diese Richtung war ja in scharfem Gegensatz zum Positivismus des 19. Jahrhunderts entstanden. Die Fragen nach dem Wesen der geschichtlichen Erscheinungen, nach der
»Idee« der Dichtungen, nach der gültigen »Lehre« der Kunst-
werke ... diese Fragen zu beantworten hat die in der letzten Periode erneuerte Literaturwissenschaft gelernt. In dieser Hinsicht
steht sie heute methodisch gerüstet da. Aber in einer andern Hinsicht muß sie sich wandeln, muß sie sich durch die Kraft der poli-
tisch-völkischen Erneuerung verwandeln lassen: sie muß lernen,
aus den Forderungen unsrer, der heutigen deutschen Lage heraus
zu fragen, aus der Sorge, der Dienstbereitschaft für das »Volk
im Werden« heraus zu antworten. Jede Art von Alexandrinismus
und von »interesseloser« Geistigkeit ist heute für sie unmöglich,
wenn sie nicht ein beziehungsloser *l'art-pour-l'art*-Betrieb bleiben soll. Sie muß ihren Antrieben und ihren Zwecken nach durchaus *nationalpädagogisch* sein.

Aus dieser Bestimmung ergeben sich Folgerungen für ihre Haltung, die gegenüber dem naturwissenschaftlichen Positivismus des
vorhergehenden Zeitalters revolutionär erscheinen, in Wirklichkeit
aber doch in den letzten zehn Jahren schon zum größten Teil
sich durchgesetzt haben. Von der liberalistischen Denkweise her
haftete der geistesgeschichtlichen Methode ein historischer Rela-
tivismus an. Die neu verstandenen geschichtlichen Wesenheiten
standen da in einer Ebene nebeneinander; alle zwar unterschieden, insofern sie eben geschichtliche Individualitäten und also jede
für sich selbstwertig waren; aber nicht wertend unterschieden von
einem übergeordneten *Standpunkt* aus. Sie waren sozusagen von
nirgendsher ausgerichtet, gestaffelt, gerichtet. Erschaut, verstanden, etikettiert und im Archiv der Geschichtsschreibung beigesetzt

... das war oft genug Gang und Leistung der literarischen Forschungsarbeit. Es gab freilich auch früher schon weniger relativistische, weniger antiquarische Leistungen. Heute, wo es gilt, zu erforschen und zu deuten, um damit eine höchst gegenständliche und drängende Aufgabe in der gegenwärtigen deutschen Lage zu erfüllen, da hat die erwähnte Methode Instrument zu sein dieser nationalpädagogischen Arbeit. Methodologische Spekulation ist es nicht, was wir jetzt brauchen; und auch nicht, daß man nun sich den Kopf zerbricht, um durch die Erfindung von neuen, kühn klingenden Bezeichnungen die überkommene Methode dem neuen Zeitgeist anzupreisen. Methoden sind an sich weder gut noch schlecht, sie sind Werkzeuge, und es kommt schließlich immer auf den Mann an, der mit ihnen das Werk zeugen soll. Natürlich muß das Werkzeug aber passen für das Werk, das man schaffen will. Für die von der Literaturwissenschaft heute geforderte Leistung dürfen die Methoden, in deren Gebrauch die junge wissenschaftliche Generation geübt ist, als brauchbar gelten. Was sich da noch verwandeln, entwickeln muß, wird sich unter der Arbeit herausstellen.

Eine so totale geschichtliche Veränderung wie die gegenwärtige ist eine gewaltige Umwerterin für alle Bereiche des völkischen Lebens. Und überall muß das überlieferte Gut neu erworben, neu bewertet werden. Alte Autoritäten werden versinken und dafür Sterne hervortreten, die bisher im Dunkel standen. Menschen einer so bedrängten und so beginnerischen Zeit können gar nicht anders, als aus den Bedürfnissen ihrer Lage heraus allein das zu wählen, was ihnen hilft, was sie kräftigt, was für sie fruchtbar ist. In solcher Lage gilt gewiß, daß wahr nur ist, was fruchtbar ist. Wer aber wählen soll, muß unterscheiden und entscheiden können. Diese Fähigkeiten waren in der abgelaufenen Epoche bei den deutschen Historikern nicht in Blüte. Der Literaturwissenschaftler kann sie nur zurückgewinnen durch neue, entschiedene und entscheidende Auseinandersetzung mit den großen, den wahrhaft fortzeugenden, den lebendigen Werken der deutschen Dichtung. Das Erste und das Letzte muß für unsere Wissenschaft sein, aus den Antrieben der neuen deutschen Lage heraus solche Dichtwerke zu *deuten*. Auf der Erfurter Tagung der »Gesellschaft für Deutsche Bildung« im Februar dieses Jahres hat Friedrich Neumann schon mit allem Nachdruck festgestellt, daß die Zurückgewinnung solcher Interpretationskunst jetzt die dringendste Aufgabe unsrer

Wissenschaft sei (man vgl. S. 217 des laufenden Jahrgangs unsrer Zeitschrift). Die andere Seite unsrer Wissenschaft, die geschichtliche Forschung und Darstellung wird dadurch keineswegs überflüssig gemacht oder in ihrer Unersetzlichkeit angezweifelt. Es versteht sich, daß Geschichtsschreibung immer ihr unantastbares Recht und ihre Aufgaben behält. Aber jede geschichtliche Darstellung der deutschen Literatur in ihrer Gesamtheit oder ihrer Epochen setzt voraus, daß die einzelnen Werke der großen Dichtung erst für sich verstanden und unter sich rangmäßig gegliedert sind. Man kann sich heute nicht mehr vor der Forderung, daß es die Ur- und Grundkunst des Literaturwissenschaftlers sein muß, das einzelne Dichtwerk zu deuten und zu bewerten, in das Museum einer nur rubrizierenden Geschichtsschreibung zurückzuziehen. Wie überall gilt es heute auch für die Deutschwissenschaft, daß nur durch Akte der personhaften Auseinandersetzung und Entscheidung das Leben in den Zeugnissen der nationalen Vergangenheit dem gegenwärtigen Leben, dem Jetztundhier der deutschen Erneuerung gewonnen und einverleibt werden kann.

VI.

Mit der nun wichtigsten Aufgabe, allgemein Organ des nationalen Selbstverständnisses zu sein, steht die Wissenschaft vom deutschen Menschen in der Mitte der Zeiten. Sie ist damit ein Teil des gegenwärtigen nationalen Aufbruchs, ist Vermittlerin aller wurzelechten, zeugungsstarken Mächte der völkischen Vergangenheit, ist Helferin am großen Werk des zukünftigen, des Neuen Reiches. Die Überlieferung derart zu bewahren, daß man sie in der Gegenwart lebendig, zeugend macht, darauf kommt es nun mehr als je an. Wie diese Sätze *Hitlers* es schlagend fassen: »Wir wollen die großen Traditionen unseres Volkes, seiner Geschichte und seiner Kultur in demütiger Ehrfurcht pflegen als unversiegbare Quelle einer wirklichen inneren Stärke und einer möglichen Erneuerung in trüben Zeiten.« In dieser vermittelnden Leistung, dieser wahrhaft lebendigen Art der Verknüpfung des Überlieferten mit dem Gegenwärtigen zum Aufbau des Zukünftigen, so zwischen gestern und morgen entschlossen in die ungeheure Aufgabe des aufbrechenden Heute gestellt – in solcher Haltung wird der wissenschaftliche Teil der ›Zeitschrift für Deutsche Bildung‹ seinen Lesern zu dienen suchen.

Wir werden die Erörterung über *Art und Sendung unsrer Wis-*

senschaft in dieser Zeit, die mit diesem Aufsatz nur eben eingeleitet werden konnte, fortsetzen. Wir werden noch in diesem Jahrgang Ausführungen über *die politische Dichtung der Deutschen* veröffentlichen. Endlich soll in einer Reihe von Aufsätzen dargestellt werden, wo in der deutschen Überlieferung die Wurzeln der Ideenwelt des nationalsozialistischen Deutschtums zu suchen sind. Über den Beginner aller deutschwissenschaftlichen Forschung, über den großen *Herder,* wird aus der neuen Sicht zu reden sein. Ferner wird in solchen Zusammenhängen die noch lange nicht gebührend gekannte und gewürdigte Kulturphilosophie von »Propheten in der Wüste«, wie *Lagarde* und *Langbehn,* dem Rembrandtdeutschen, wird die interessante Gestalt eines *Moeller van den Bruck* dargestellt werden. Daneben wollen wir nach den oben ausgesprochenen Grundsätzen die großen, gültigen Dichtungen der Vergangenheit aus der gegenwärtigen Lage heraus neu befragen, deuten und werten. Daß besonders die *Literatur der Gegenwart* und der jüngsten Vergangenheit von der Entscheidung unsrer Tage aus sich in klarerem, neuem Licht darstellt, daß sie, wie vor allem auch das uns so fragwürdig gewordene *19. Jahrhundert,* neu aufgefaßt und gedeutet werden muß, ist fast überflüssig zu sagen. Da liegt eine große Aufgabe für die Literaturwissenschaft, vielleicht ist es die größte und wichtigste unter ihren besonderen Aufgaben. Von der nun so eindrucksvoll hervortretenden, durch die nationale Bewegung sozusagen freigelegten Dichtung der »*konservativen Revolution*« haben wir in unserem Aprilheft schon eine Gesamtdarstellung veröffentlicht. Die bedeutendsten *Autoren* dieser Richtung sollen noch in besonderen Aufsätzen behandelt werden. Und über alle diese Pläne hinaus wird der wissenschaftliche Teil bestrebt bleiben, immer der großen Aufgabe der neuen nationalen Erziehung, nach seinen besonderen Zwecken, mit ganzer Kraft zu dienen. Aus der Gesinnung heraus, in der alle verbunden sind, die Deutschwissenschaftler mit dem Herzen sind . . . aus der Gesinnung, die *Fichte* in berühmten Sätzen so ausgedrückt hat:

»Wir wollen durch die neue Erziehung die Deutschen zu einer Gesamtheit bilden, die in allen ihren einzelnen Gliedern getrieben und belebt sei durch dieselbe eine Angelegenheit.«

Julius Petersen / Hermann Pongs

An unsere Leser!

[1934]

Mit dem neuen Jahrgang tritt die Zeitschrift ›Euphorion‹ in ein neues Verhältnis zu den wissenschaftlichen Bildungsfragen und zum Geist der Forschung ein. Sie gibt den Namen ›Euphorion‹ auf und damit die überbetonte Abhängigkeit deutscher Bildung von humanistischer Gelehrsamkeit. Der neue Name *›Dichtung und Volkstum‹* will zum Ausdruck bringen, daß auch die Wissenschaft von der Dichtung immer das Volkstum im Auge halten wird als den Grundwert, der alle ästhetischen, literarhistorischen, geistesgeschichtlichen Werte trägt und nährt. Den ewigen Volksbegriff in seiner Geschichtlichkeit, wie Herder ihn meinte und wie er heute in Deutschland neu gelebt und erfahren wird, als Lebensgrund aller starken Dichtung herauszuarbeiten, macht sich die Zeitschrift zum besonderen Ziel; auf ihren Begründer August Sauer und seine bekannte Rektoratsrede ›Literaturgeschichte und Volkskunde‹ kann sie sich dabei berufen. Hier sieht sie elementare neue Aufgaben, dringlicher vom Zeitgeist gefordert als andere, und gar nicht zu klären ohne die Haltung strenger verantwortlicher Wissenschaft, die sich in ihren Fragestellungen volksgebunden fühlt, aber frei, jeder Sache nach dem Gesetz ihrer Wahrheit Raum zu geben. Von den Aufgaben, die daraus erwachsen, macht sich die Zeitschrift folgende besonders zu eigen:

Stärker als bisher will sie die *Dichtungsdeutung* pflegen, als Lebenskunde und als Ausdruck des Volkscharakters; der Stilforschung gibt sie damit breitere Ziele. Sie will sich der *Volkskunde* öffnen in dem großen Herderschen Sinn, der dem Untergrund aller Naturdichtung nachspürt, dem Zusammenhang der Dinge, wie Raabe sagt, aus dem die naiven Schöpferkräfte wachsen. Und um diesen Zusammenhang der Dinge gerade am Urverhältnis Dichtung und Volkstum aufzudecken, will sie besonders drei Gebiete tiefer fördern: Stamm und Landschaft in der Dichtung mit Einschluß des Auslanddeutschtums, das Leben der Sprache als schöpferischen Spiegel des bewußt- unbewußten Daseins selbst, zuletzt die Untergründe des bildenden Vermögens als den Bereich dessen, was Goethe das Unbewußte nannte und was man allzu gleichgültig der Psychologie und der Psychoanalyse überlassen hat.

Die starke Betonung des Volkstums soll keine Verengung bedeuten, die die deutsche Literaturwissenschaft herauslösen würde aus dem Wissenschaftszusammenhang der Welt. Mehr als je gilt es, die Treue und Gewissenhaftigkeit der *literarhistorischen* Arbeit festzuhalten und ihre Methoden fortzubilden. Diese Überlieferung unserer Zeitschrift wird auch unter dem neuen Namen mit der gleichen Verantwortung weitergeführt werden. Sie legt den Herausgebern die besondere Pflicht auf, die Zeitschrift zu einem wissenschaftlichen Spiegel des heutigen Volksdeutschland zu machen und damit eine Brücke zum Ausland zu schlagen in der gemeinsamen Arbeit an den großen Wissenschaftsaufgaben, indem sie zugleich den Volksgedanken als fruchtbare Spannung in die Weltaussprache der Probleme trägt. In diesem Sinn behält sie als Untertitel bei: ›Neue Folge des Euphorion, Zeitschrift für Literaturgeschichte‹, und sie denkt damit dem Geist ihres Gründers am ehrlichsten zu dienen.

In den engeren Kreis der Mitwirkenden sind bisher eingetreten: Ernst Bertram, Konrad Burdach, Eugen Kühnemann, John Meier, Josef Nadler, Hans Naumann, Friedrich Panzer, Oskal Walzel.

Hermann Pongs

Krieg als Volksschicksal im deutschen Schrifttum
[1934]

> »Das Schwierigste ist, daß einer keine Kameradschaft findet für den Kopf. Kameradschaft in Handreichungen, die stellt sich hier außen rasch ein, auch Kameradschaft des Herzens … Aber mit der Kameradschaft des Denkens ist es anders.«
>
> Hans Grimm, ›Volk ohne Raum‹

1.

Bei der Eröffnung der Reichskulturkammer sagte Reichsminister Goebbels zum Verhältnis von Kunst und Volkstum folgendes: »Die Kunst ist kein absoluter Begriff. Sie gewinnt erst Leben im Leben des Volkes. Das war vielleicht das schlimmste Vergehen der künstlerisch schaffenden Menschen der vergangenen Epoche, daß sie nicht mehr in organischer Beziehung zum Volke selbst standen und damit die Wurzel verloren, die ihnen täglich neue

Nahrung zuführte. Der Künstler trennte sich vom Volk. Er gab dabei die Quelle seiner Fruchtbarkeit auf. Von hier ab setzt die lebensdrohende Krise der kulturschaffenden Menschen in Deutschland ein. Kultur ist höchster Ausdruck der schöpferischen Kräfte eines Volkes. Der Künstler ist ihr begnadeter Sinngeber. Verliert der künstlerische Mensch einmal den festen Boden des Volkstums, dann ist er damit den Anfeindungen der Zivilisation preisgegeben, denen er früher oder später erliegen wird.«

Tritt man als Wissenschaftler heraus aus der großzügigen Bildlichkeit: Wurzel Volk, Quelle der Fruchtbarkeit, fester Boden des Volkstums, dann sieht man sich vor schwierige Fragen gestellt. Wo beginnt im Schrifttum die Wurzel Volk, woran erkennt man im Dichtwerk selbst, ob der Dichter den festen Boden des Volkstums nicht verlassen hat? Unwillkürlich verbindet sich mit der »Wurzel Volk« die Vorstellung: Wer unten sitzt im Aufbau der Stände, ist dem Volksgrund näher. Ist das richtig? Ist der Bauer, der Arbeiter mehr Volk als die bürgerliche Welt, die die Kulturdichtung trägt? Schon 1896 schrieb der alte Fontane:[1] »Was die Arbeiter denken, sprechen und schreiben, hat das Denken, Sprechen, Schreiben der altregierenden Klassen tatsächlich überholt. Alles ist viel echter, wahrer, lebensvoller.« Und doch ist damals aus den Arbeitermassen keine Volksdichtung aufgebrochen, sondern nur der sentimentale Naturalismus entwurzelter Bürgerlicher und der rohe Schlagwortstil des Klassenhasses. Oder tritt überhaupt das, was der Mensch mitbringt, und aller Unterschied des Standes, der Bildung zurück vor der Frage: Wieweit sind es große völkische Inhalte, die die Volksdichtung tragen müssen? »So gewiß das Leben größer ist als sein Schatten, erklärt Hebbel, so gewiß ist es größer, der Poesie Stoff zu geben als Poesie zu machen.« Sind Führergestalten unserer Zeit wie Schlageter und Wessel, wie Hindenburg und der deutsche Volkskanzler selbst nicht viel mehr Volkssymbol als das, was Dichter erdichten können? Dennoch fordern auch solche Volkshelden immer wieder den Dichter, der das Urbild in ihnen gewahrt und gestaltet. Von allen zeitgenössischen Versuchen derart muß man sagen, daß sie hinter der Wirklichkeit zurückbleiben und den zeitlosen Glanz des Urbildes nicht erreichen. Und eins ist jedenfalls gewiß, daß roher Stoff niemals Volksdichtung wird, mag er noch so völkisch sein.

---

[1] An James Morris. Briefe (1910) II, 380.

In dieses Spannungsfeld der Fragen stellen wir unser Thema: Krieg als Volksschicksal in der Dichtung.[2] Ein ungeheurer Stoff bietet sich der Gestaltung dar. Und es ist nicht der Krieg als Männerschlacht an sich, es ist das *Volks*erlebnis Krieg, das im Aufschwung der Augusttage 1914 jeden Deutschen mit sich riß und das durch vier harte feldgraue Jahre jedes deutsche Herz erschüttert und auf die letzte Probe gestellt hat. Das Schrifttum, das daraus hervorging, ist wirklich auf dem Schicksalsgrund einer Volksgemeinschaft gewachsen. Wem es die Seele bewegt hat und wer dafür Wort und Bild fand, in dessen Darstellung ist notwendig ein Stück Krieg als Volksschicksal eingegangen. Hier vielleicht erkennen wir am ersten, was die Wurzel Volk im Schrifttum bedeutet. Innerhalb der strengen Zucht des Heeres, die alles umspannte, hat der lebendige Volkszusammenhang zwei Grundformen ausgeprägt, die Kameradschaft von Mann zu Mann und die Bindung: Führertum und Gefolgschaft. In beiden spüren wir über das Einzel-Ich hinaus die gemeinschaftsbildende Kraft des Volkes. Und wie im Einzel-Ich Natur und Geist zusammengeschlossen ist zum Charakter, so machen Kameradschaft und Führertum, bildlich gesprochen, die naturhafte und die geistige Seite des gleichen Volksganzen aus. Der Unterschied der Stände, der die reinen Urverhältnisse so vielfach trübt, bringt auch hier die alltäglichmenschlichen Spannungen: die Offiziere entstammten durchweg den gebildeten Ständen, ohne immer geborne Führer zu sein; Führernaturen gab es in allen Volksschichten. Solche Spannungen aber überwölbte immer die große Schicksalsgemeinschaft: Volk im Krieg.

[...]

9.

Die Wissenschaft von der Dichtung sieht sich durch das Kriegs-Schrifttum vor besondere Aufgaben gestellt. Die Eigenmacht des Stoffes fordert ihr Recht mit einem Wirklichkeitsgewicht wie nie zuvor. Der Stoff ist von ehrfurchterweckender Gewalt und Tiefe,

---

[2] Diese Frage ist in der Literatur zum Kriegsschrifttum bisher nicht gestellt; die polar ergänzende Einstellung vertritt das Buch von Herbert Cysarz, ›Zur Geistesgeschichte des Weltkriegs‹ 1931. Während der Korrektur erscheint Z. f. D. 1934, 1. Heft: W. Linden, ›Volkhafte Dichtung von Weltkrieg und Nachkriegszeit‹.

wo er auch ergriffen werden mag, als Kriegserlebnis der Front, der Gefangenschaft, der Heimat. Der Krieg, der den Wertsetzungen des Christentums und der Humanität widerspricht in seiner erbarmungslosen Gesetzlichkeit, birgt als Volkskrieg einen Ursinn, als die schwerste Schicksalsprobe, die an das Sein oder Nichtsein des deutschen Volkes gestellt wurde. Es gehört zum dämonischen Geheimnis dieses Stoffes, daß alle Befragung und Gestaltung immer mitbestimmt ist von der Frage nach Leben und Bestand des Volkes, das dieser Katastrophe standhielt, ihr entwuchs und willens wurde, aus ihr seine Zeitenwende zu machen. Jeden einzelnen, der diesen Stoff aufzuzeigen wagt als Chronist oder als Dichter, trifft die Frage nach dem Schicksal seines Volks im Krieg. Das ist das Ethos, das im Stoff liegt, aus der Not der Existenz gewachsen; bestimmend geht es jeder Formung voraus. Als das große durchdringende Volkerlebnis, allen gemeinsam, allen zugänglich, allen aufgegeben, schafft es eine Einheitlichkeit der Haltung, wie sie sonst nur das religiöse Gemeinschaftserlebnis hervorruft. Und wie es für die religiöse Dichtung einen Anspruch gibt,[3] der über den Ästhetischen gestellt wird, den sakralen, so gibt es auch für die Kriegsdichtung einen Anspruch, dem sie genügen muß: die Kraftmitte des Stoffes, den lebendigen Volksgedanken, hinter allem spürbar zu machen. Von hier aus ist die Sicht des Kriegs-Schrifttums vorgenommen worden. Es hat sich gezeigt, daß das Volksschicksal Krieg sich erschließt dem unmittelbaren Mitleben und Mitdarinsein ebenso wie dem einsam gestaltenden Geist, der aus tiefer Verbundenheit mit dem Volksgeist aus Urbildern formt; und es hat sich gezeigt, daß es sich verschließt dem, der seinem Ich verhaftet bleibt ebenso wie dem, der ganz im Stoff untergeht. Was an Werturteilen ausgesprochen wurde mit allen gleitenden Übergängen zwischen den Polen Stoff und Form, kann hier nicht regelhaft begründet werden. Grundsätzlich läßt sich sagen: die Wechselbeziehung zwischen Leben und Dichtung war anders zu sehen als sonst; dazu zwang das Ethos des Stoffes. Eine besondere Auffassung vom Menschen wurde gefordert: der Mensch nicht als der einzelne der von sich erfüllt ist, sondern der Mensch im Zusammenhang, der in der Hingabe an das Ganze zur Persönlichkeit wächst. Hier liegt die »Wurzel Volk« im Arbeiter wie im Geisti-

---

[3] Vgl. Günther Müller, ›Die katholische Dichtung der Gegenwart‹. Z. f. D. 1930, 609 ff.

gen, im einfachen Mann wie im Offizier, in allen Stämmen und
Ständen. Vor solchem Übergewicht des Lebens aber bleibt die
Forderung an die Formkraft des Dichters nicht zurück. Der große
Stoff fordert die große Gestalt, und der Meister, vom Volksgedan-
ken ergriffen, wird nur mehr Meister als er je war. Gegenüber
den mannigfachen Gefährdungen durch den Geist, der vom Leben
trennt, erschloß sich eine einigende Tiefenwelt der unbewußten
Zusammenhänge, die den einzelnen an Volkstum und Erde binden.
Ihr Wirken in der Dichtung aufzudecken als die untergründige
Kraft der Urbilder und Symbole wird zur besonderen Aufgabe
der Wissenschaft von der Sprache und Dichtung.

Theo Herrle

Der Deutschunterricht im Spiegel der Zeitschrift für Deutsch-
kunde

50 Jahre Zeitschrift für den deutschen Unterricht

[1937]

I. Losung und Vorbild Rudolf Hildebrands

»Einig sind wohl alle darin, daß es sich für uns Deutsche jetzt
darum handelt, ein neues Leben eben als Deutsche zu beginnen,
ein neues Leben auch vom Standpunkt der Weltgeschichte aus gedacht... Daß wir Deutschen unserem Weltamte bis daher nicht
haben genügen könne infolge von Hemmnissen, die den deutschen
Geist noch gebunden hielten, darin sind wohl auch alle einig...
Nun ist die Schlafmütze doch abgestreift, und der Michel blickt
wieder mutig um sich und in sich ... Ganz Europa fühlt die Veränderung, die mit uns vorgeht, in den Gliedern, die meisten mit
Bangen und Furcht, daß aus der Schlafmütze nun ein Helm, nun
ein Kriegshelm geworden sei. Es ist unsere Aufgabe, ihnen diese
Furcht zu nehmen und den Beweis zu geben, daß wir ihnen nur
gute Nachbarn sein wollen, eben ebenbürtige, gleichberechtigte, die
als solche wacker mitarbeiten wollen zum Wohle des Ganzen, des
europäischen oder auch des Weltganzen, schon weil uns das selber
zugute kommt« (1, 1887, 1). So lauten die einleitenden Worte,
die Rudolf Hildebrand zur Einführung der neuen ›Zeitschrift für
den deutschen Unterricht‹ schrieb.

Rudolf Hildebrand war erfüllt von einem unüberwindlichen *Glauben an die deutsche Seele.* »Es liegt eine Zukunft mit einem ganz neuen, großen, gesunden Dasein, das längst von den Besten geahnt und vorbereitet war, vor uns, sobald wir nur wollen. Die rechte ›Wiedergeburt‹, d. h. aus der reinen Natur, unserer Natur, heraus (wir haben ja keine andere) – und aus Gott, füge ich wohlerwogen hinzu – soll sich nun vollziehen« (6, 92, 382). Er erkannte vorausahnend *die geschichtliche Stunde,* wenn er sagte: »Wir kommen, daran ist kein Zweifel mehr, endlich, endlich zu uns selbst, wie im politischen und nationalen Leben, so im geistigen Leben ... und damit beginnt, das ist auch kein Zweifel mehr, ein neuer großer Hauptabschnitt unseres Lebens. Dabei gebührt es aber der Schule, die Führung zu übernehmen, wie sie es im 16. Jahrhundert tat, als es galt, die griechisch-römische Welt dem Geiste als Bildungsstoff zuzuführen. Die damals begonnene Periode, die man gewöhnlich als die Renaissance bezeichnet, läuft ab, wir erleben den Beginn der deutschen Periode, der eigentlich schon lange unter der Hand begonnen hat« (5, 91, 6; vgl. 36, 22, 183).

Derselbe Mann, der der Schule so große Bedeutung beimaß, wollte eine *Vorherrschaft des Verstandes und des Bewußtseins* im Leben *nicht* gelten lassen. »Wir haben allen Grund, das liebe sogenannte Bewußtsein nicht über das notwendige Maß hinaus zu steigern. Es war ein verhängnisvoller Irrtum, in ihm alles Heil zu suchen« (6, 92, 6). »Im Stadtleben wird das Gehirn, das Kopfleben, genährt, wird aber unversehens überernährt und zehrt damit an dem anderen Lebensgebiete unseres Inneren, Gemüt, Seele oder Herz, wie mans verschieden nennt. Daß aber eben in diesem anderen Gebiet unseres Inneren das eigentliche Leben wohnt, nicht im Kopf, das kommt mir oft wie vergessen vor und muß dem Geist der Zeit geradezu laut ins Ohr gerufen werden« (10, 96, 433). Selbst in gleicher Weise verstandesbegabt wie reich an Gemüt, sah er das *Wesen der Bildung ebenso in der Entwicklung des Charakters wie des Verstandes und Herzens (5, 91, 375).*

Rudolf Hildebrand *dachte,* wie der echte Lehrer, nicht nur an seine Bildungsziele und seine Bildungsstoffe, sondern auch *an die Jungen.* »Der Lehrer sollte bei all seinen Reden und Lehren nebenbei mit der Frage rechnen, die einer solchen Schülerseele immer zur Hand liegt: Was geht mich das an?« (1, 87, 442). Er wandte sich *gegen die Vermehrung des Stoffes.* »Die Aufhellung ist für

Lehrer und Schule nötiger als die Aufhäufung des Stoffes, über die man jetzt so eifrig her ist und bei der es doch kein Ende gibt. Ein befriedigendes Ende gibt es auch hier, wie überall, nur in der Tiefe« (6, 92, 457). Dabei gab es für diesen Lehrer eigentlich nichts von seinem Gebiete, von dem er nicht glaubte, daß man es in richtiger Behandlung auch in der Schule vorbringen könnte. Durch alle Bände der Zeitschrift ziehen die Gedanken des Meisters. Was er selbst bis zu seinem Tode (1894) beisteuerte, ergänzte sein Buch ›Vom deutschen Sprachunterricht in der Schule und von der deutschen Bildung und Erziehung überhaupt‹. 1867 war es erschienen und erlebte 1887 erst die dritte Auflage. Wenn es sich nun immer stärkere Beachtung errang, so lag es zum guten Teil daran, daß Hildebrands überragende Bedeutung durch die Zeitschrift weiteren Kreisen aufging. Mit Freude konnte W. Hofstaetter 1913 feststellen: »Es hat sich wohl nun überall die Erkenntnis durchgesetzt, daß kein Lehrer an den Unterricht im Deutschen herangehen soll, ohne sich bei dem Altmeister Rat geholt zu haben« (27, 13, 746). In Hildebrands Sinn zu arbeiten blieb auch weiter die Richtschnur. Und die Worte, die Konrad Burdach bei der Enthüllung des Denkmals für Rudolf Hildebrand sagte, gelten heute wie damals: ·»Unsere Sorge muß sein, daß sein Geist, der Glaube an die unzerstörbare, gesunde Kraft unseres Volkes und die zwingende Macht des Idealismus unter uns fortlebe« (9, 95, 807).

II. Anstöße von außen

Drei Jahre nach der Gründung der Zeitschrift (1890) erscholl die *Botschaft Kaiser Wilhelms:* »Die Philologen haben hauptsächlich auf den Lernstoff, auf das Lernen und Wissen den Nachdruck gelegt, aber nicht auf die Bildung des Charakters und die Bedürfnisse des jetzigen Lebens ... Dann fehlt vor allem die nationale Basis. Wir müssen als Grundlage für das Gymnasium das Deutsche nehmen.« Sie wurde von Otto Lyon mit Begeisterung aufgenommen (5, 91, 81); die folgenden Maßnahmen der Regierungen waren aber nicht einschneidend.

Die *Schulkonferenz vom Jahre 1901* brach die Vormachtstellung der altsprachlichen Bildung und gab neuen Antrieb. Unverkennbar war die Nachwirkung der *Kunsterziehungstage* von Dresden (1901), Weimar (1903), Hamburg (1906) (17, 03, 673);

nachdenklich stimmten die Angriffe der Öffentlichkeit, die in denselben Jahren und auch späterhin wieder besonders im Roman gegen den deutschen Unterrichtsbetrieb erfolgten; sie fanden die gebührende Zurückweisung (19, 05, 209; 20, 06, 1; 43, 29, 86), waren aber auch Anlaß zu ernster Selbstprüfung.

Aber erst die Erschütterung durch den *Weltkrieg* ließ die verschiedenen Vorschläge zur Vertiefung des deutschen Unterrichts sich zu Forderungen verdichten, wie sie der 1912 gegründete Deutsche Germanistenverband den deutschen Regierungen 1916 vorlegte. Daß der Herausgeber der Zeitschrift, Walther Hofstaetter, den Krieg selbst an der Front erlebt hatte, war aus jedem seiner Beiträge zu erkennen, die er nach seiner Verwundung schrieb, und gab der Zeitschrift während des Krieges wesentlich ihr Gepräge.

Als 1918 der *Zusammenbruch* erfolgte, sagte Hofstaetter: »Größtes, das uns lieb und teuer war, ist zusammengebrochen ... Aber jetzt gilt es, nicht bange und müde zu werden; die Treue müssen wir unserem Volke jetzt erst recht halten und mitarbeiten an seinem Wiederaufbau, indem wir unsere Jugend immer wieder hineinführen in das Werden unseres Volkes, unser Werden – nicht in einseitiger geschichtlicher Betrachtung, sondern stets im Hinblick auf unsere Zeit, deren Verständnis es gilt« (33, 19, 1).

Bald aber stößt die Zeitschrift noch weiter vor; nicht ein Verständnis zu wecken gilt es, sondern den Willen zu aufbauender, nationaler Arbeit. Darum sucht die Zeitschrift an ihrem Teil den Gedanken einer einheitlichen Erziehung vorwärts zu treiben, dessen entschlossene Betonung die Reichsschulkonferenz 1920 schuldig geblieben war. So bleibt sie denn in der vordersten Reihe derer, die sich bemühten, die Schäden der Nachkriegszeit von der Schule fernzuhalten oder gegen sie anzukämpfen. Heute ist sie dieses Kampfes enthoben und kann all ihre Kraft einsetzen, um an ihrem Teil mitzuschaffen an dem Aufbau des neuen Deutschen Reiches.

III. Innere Entwicklung

1. Der Kampf um die Eigengeltung

Es ist uns unbegreiflich, daß die Zeitschrift bei ihrem Beginn erst zum Kampf um das Recht des deutschen Unterrichts aufrufen mußte und daß sich dieser Kampf jahrzehntelang hingezogen hat.

Er wandte sich besonders dagegen, daß der deutsche Sprachunterricht durch die Vormachtstellung der fremden Sprachen in eine dienende Stellung verwiesen wurde, ja daß man ihm Recht wie Eignung zur Einführung in die Sprachlehre einfach absprach.

Es ist heute überflüssig, diesen Kampf im einzelnen zu verfolgen, zumal der Unterricht in den alten Sprachen andere Wege geht als in jenen Jahren. Und gerade in den schärfsten Kampfzeiten ist in der Zeitschrift immer betont worden, daß Deutschlehrer und Altsprachler sich in der sachlichen Arbeit zusammenfinden müßten (31, 17, 155), »daß die recht verstandene Deutschkunde nichts weniger bedeute als einen Kampf gegen die Antike« (39, 25, 152). Wir dürfen heute feststellen, daß dieser Kampf, der die Zeitschrift viel Kraft gekostet hat, auch dem deutschen Unterricht nach innen genützt hat: seine Aufgabe und Bedeutung wurde immer klarer erkannt, und allerlei Verschwommenes fiel ab. Insbesondere hat er gelehrt, daß sich durch die Abhängigkeit von der Grammatik einer toten Sprache eine ganz falsche Auffassung über Wesen und Leben der Sprache festgesetzt hatte (12, 98, 16), er hat gelehrt, gegen die Verbildung des deutschen Stils durch falsche Vorbilder anzugehen, und er hat geholfen, den deutschen Aufsatz vom Vorbild der lateinischen Vorübungen zu befreien (39, 25, 648). Das alles ist freilich sehr langsam gegangen. Noch 1912 mußte beispielsweise festgestellt werden, daß in einem Aufsatzbuch von 199 Dispositionen für Tertia und Sekunda 142 dem klassischen Altertum, davon 63 dem Cäsar entnommen waren (26, 12, 33). Und noch 1935 mußte der Vorwurf zurückgewiesen werden, daß »der Schüler am Deutschen weder denken noch arbeiten lernen könne« (49, 35, 81). Eins aber muß aus diesem Kampf als Mahnung bleiben: wenn der deutsche Unterricht gerade in der Sprachlehre ein Eigenrecht fordert, muß er sich eine deutsche Sprachlehre schaffen, die ihm dasselbe sichere Rüstzeug ist, wie es der fremdsprachliche Unterricht in seiner Grammatik hat.

Deutsch als Mittelpunkt der Erziehung und des Unterrichts.

Solange die Vormachtstellung der Fremdsprachen unbestritten war, konnte die Forderung nicht erfüllt werden, die von der Zeitschrift seit ihrem Erscheinen erhoben wurde, daß *das Deutsche* »in allen seinen Formen, in Sprache, Literatur und Geschichte, fortan der *Mittelpunkt unserer gesamten Erziehung werden solle«* (4, 90, 356; 3, 89, 239). Konrad Burdach, der Schüler Rudolf Hildebrands, hatte 1886 über ›Deutsche Erziehung‹ gesprochen; nichts ist bezeichnender, als daß die Rede 1914 unverändert abgedruckt werden konnte (28, 14, 657).

»Die allgemeine, nicht mehr wegzuleugnende Unzufriedenheit mit dem Erfolge der gymnasialen Erziehung hat ihren letzten Grund nicht in der Überbürdung, noch in der übertrieben langen Dauer des Unterrichts, sondern darin, daß man fühlt, wie gering bei alldem der bleibende Gewinn dieses Unterrichts für das innere, sittliche Leben der Nation ist ... Der gegenwärtige Gymnasialunterricht bildet wohl Verstand und Urteil, bildet Kritik und vielleicht auch Geschmack, erweitert den geistigen Gesichtskreis, steigert die Aufnahmefähigkeit von Eindrücken, regt die gesamte Denktätigkeit an, aber läßt – in den meisten Fällen – die andere Hälfte des Menschen, die seelische, gemütliche, sittliche, oder wie man sie nenne, unberührt und unentfaltet ... Nein! Der nationale Charakter Deutschlands, er ist noch nicht an die Höhe gerückt; er ruht noch fern von uns in der Tiefe. Soll aber darum die Schule, die wir erhoffen, warten, bis er emporsteigt? Hat nicht der deutsche Unterricht schon jetzt den Beruf, Führer zu sein zur nationalen Eintracht, zur Gerechtigkeit und Wahrhaftigkeit, zur Treue gegen uns und deutsche Art, aber auch zur Achtung und zum Verständnis fremden Volkstums und seiner Leistung? ... Weit und schwer ist der Weg; lange wird es dauern, bis die rechte Form diesem neuen Gymnasium geschaffen und die rechte Lehrart dem künftigen Deutschunterricht gefunden wird, bis die geeigneten Lehrer ihres Amtes zu walten vermögen. Germanisten an die Front!«

Die Forderung, das Deutsche müsse der Mittelpunkt werden, wurde unablässig weiter erhoben. Man hat sie freilich äußerlich gedeutet, als käme es nur auf eine erhöhte Stundenzahl an. Gewiß war es nötig, immer wieder ein wenigstens einigermaßen genügendes Maß zu fordern. Aber das war nicht das Wesentliche. Das Deutsche sollte nach allen Seiten das Schulleben durchdringen, gewissermaßen sein Herzstück werden. Darum wurde 1925 auf dem Philologentag in Heidelberg gefordert: »Die deutschkundlichen Fächer müssen in den Mittelpunkt rücken, ja sie müssen *für alle anderen Fächer die Einstellung abgeben* ... Alle Beschäftigung mit fremder Kultur, alles Umschauen in der Natur kann nur das eine höchste Ziel haben, daß wir unsere Kultur tiefer verstehen lernen, daß wir erfassen, wie gerade deutscher Geist sich zur Natur stellte, wie er an der Erkenntnis ihrer Gesetze beteiligt war und durch sie in größere Tiefe geführt ist« (39, 25, 534). Ließ sich die Mittelpunktstellung nicht für die bestehenden

Schulen erreichen, so wollte man es mit einer *neuen Schulart* versuchen, die die Forderungen erfüllen sollte. Nach dem Kriege wurde um die Gestaltung eines solchen »Deutschen Gymnasiums«, oder wie es dann hieß, der »Deutschen Oberschule« hart gestritten. »Wir Deutschkundler haben allen Grund, das Deutsche Gymnasium zu begrüßen« (34, 20, 137). Als diese Schulart dann kam, setzte sich die Zeitschrift gern für sie ein, ohne doch zu verkennen, daß sie nur den ersten Schritt bedeute und – besonders in der preußischen Form – das ersehnte Ziel noch nicht erreichte. Auch hier blieb vieles Saat auf Hoffnung. In Zukunft aber wird es keine Schule geben, die nicht von innen heraus eine deutsche Schule ist.

Die mittelhochdeutsche Herrlichkeit, das verpflichtende Erbe der Klassik und das Recht der Gegenwart.

In dem eigenen Bereich galt es, drei hohe Werte für den Unterricht zu sichern, das mittelhochdeutsche Epos und die mittelhochdeutsche Lyrik, die klassische Dichtung und das Schrifttum seit Goethe. 1882 war in Preußen das *Mittelhochdeutsche* wieder aus dem Schulunterricht entfernt worden, weil »es nicht möglich wäre, eine solche Kenntnis der mittelhochdeutschen Grammatik und der eigentümlichen Bedeutungen mit den jetzt gebräuchlichen gleichen Wörtern zu erreichen, daß das Übersetzen aus dem Mittelhochdeutschen mehr als ein ungefähres Raten sei, welches der Gewöhnung zu wissenschaftlicher Gewissenhaftigkeit Eintrag täte«. Der lebhaft einsetzende Kampf (3, 89, 226) führte bald zum Erfolg, zumal Österreich 1890 das Mittelhochdeutsche wieder im Unterricht zuließ (4, 90, 152). Aber die neuen preußischen Bestimmungen waren so unklar und dehnbar, daß sich die Zeitschrift Georg Bötticher für einen Vorstoß zur Verfügung stellen mußte, um wenigstens die Grundlage für einen einheitlichen Unterricht zu schaffen (7, 93, 583). Freilich, Böttichers Eintreten für die mittelhochdeutsche Dichtung wurde noch mehr als die Einstellung des »eifrigen Germanisten als des ruhig abwägenden Pädagogen« angesehen und ihm etwa entgegengehalten: »Noch weniger gehört der ›Parzival‹ in den Unterricht der höheren Schulen, auch nicht nach Prima hinein« (9, 95, 42).

Wenn die Frage des Mittelhochdeutschen auch nie ganz aus dem Gesichtskreis verschwand, so trat doch dann ihre Behandlung mehr und mehr zurück. Es ist erstaunlich, zu sehen, wie blind diese Zeit für die Bedeutung der mittelhochdeutschen Dichtung war (31, 17, 81; 34, 20, 415). Noch weniger dachte man an die altnordische Literatur. »Altnordische Sage!« heißt es (14, 00, 362), »muß man nicht seine verehrten Leser von vornherein um Entschuldigung bitten, wenn man sich anschickt, sie in dieses ›entlegene Gebiet‹ zu führen, vor ihren Augen die ›düsteren Nebelgestalten der nordischen Sage‹, diese ›schemenhaften‹ Gestalten aufsteigen zu lassen?«

Das wird ganz anders, als sich die wissenschaftliche Forschung wieder den mittelhochdeutschen Fragen zuwendet. Friedrich Kluge handelt über das Hildebrandslied (33, 19, 11); es erscheinen »die Nibelungenprobleme in neuer Beleuchtung« (38, 24, 352; 39, 25, 685), der »Stand der Nibelungenforschung« (41, 27, 1). Gustav Neckel trägt seine Untersuchungen vor über »Altgermanische Religion« (41, 27, 465), »Die gemeingermanische Zeit« (39, 25, 1), »Liebe und Ehe bei den vorchristlichen Germanen« (46, 32, 193), »Kelten und Germanen« (47, 33, 497), »Staat und Gesellschaft bei den heidnischen Germanen« (48, 34, 22); Konstantin Reichardt schreibt über »Die Kunst der Skalden« (46, 32, 65): Die neuen Erkenntnisse befruchten den Unterricht. Wir lesen wieder »Ziele und Wege des altdeutschen Unterrichts« (42, 28, 581), begegnen Hartmanns ›Armem Heinrich‹ (42, 28, 412), Walther von der Vogelweide (44, 30, 305), dem deutschen Menschen in der staufischen Dichtung (49, 35, 531), Gottfried von Straßburg (50, 36, 1), Wolframs ›Parzival‹ (50, 36, 160), Ulrich von Liechtenstein (40, 26, 373). Wir finden auch »Die Behandlung der altgermanischen Lebensauffassung in O II auf Grund der isländischen Sagas« (47, 33, 413), nachdem derselbe Stoff schon vorher (35, 21, 389; 39, 25, 26) für den Schulunterricht vorgeschlagen war. Auch mit den Runen wird der Schüler bekannt gemacht (43, 29, 813); Robert Petsch hatte schon früher auf sie hingewiesen (31, 17, 432). Sehr richtig heißt es bei dem »Vorschlag für ein altdeutsches Lesebuch«: »Von der Art, wie wir die Denkmäler germanischer Frühzeit und deutschen Mittelalters der Jugend in der Schule bereitstellen, wird der Erfolg dieses Unterrichts gerade für diese Zeit in hohem Maße abhängen« (48, 34, 130).

Diese Art hat sich wesentlich gewandelt. Zunächst glaubt man, Sprache und Stil müsse durch eingehenden »Betrieb« des Mittelhochdeutschen gebildet werden. Lange Zeit liebt man das Mittelhochdeutsche um seiner selbst willen, ohne sich Gedanken zu machen, wie Sprache und Dichtung fruchtbar gemacht werden können, ja man liest wohl gar die Dichter, wie man fremdsprachliche Werke behandelt. Dann glaubt man, etwa die Welt der Nibelungen nahezubringen, indem man mit den Schülern den Quellen der Lieder nachspürt oder zeigt, wie mannigfaltig der Stoff im 19. Jahrhundert gestaltet worden ist. Hier spiegelt die Zeitschrift eine starke Unsicherheit wider. Erst langsam wuchs die Erkenntnis, daß es sich um den heldischen Geist des ›Nibelungenliedes‹, um die letzte Einstellung der Dichter handele, und gerade die letzten Aufsätze der Zeitschrift zeigen, daß wir hier vor einer ganz neuen Sicht stehen.

Während die Erörterung des Mittelhochdeutschen am Anfang und Ende des fünfzigjährigen Zeitabschnittes hervortritt, zieht sich der Kampf des klassischen und des zeitgenössischen Schrifttums um die Schule durch den ganzen Zeitraum hin. 1887 herrschte die klassische Dichtung uneingeschränkt. *Gegen das zeitgenössische Schrifttum* wandte man ein, nur das anerkannt Klassische könne einen sicheren Maßstab bilden, das Urteil über die neueren Dichter stände noch nicht fest und die Schule bilde keine Schriftsteller aus.

Die Zeitschrift hatte als fünften Punkt das Schrifttum der Gegenwart in ihren Arbeitsplan aufgenommen (1, 87, 13): »Daneben (der Erläuterung der klassischen Dichtwerke) soll aber auch hervorragenden Erscheinungen der gegenwärtigen Dichtung die gebührende Beachtung zuteil werden.«

Freilich ist die Zeitschrift den neuen Weg nur zögernd weitergegangen. Lyons ganze Liebe gehörte Martin Greif; neben ihm tritt stärker nur G. Freytag hervor, zumal da es galt, gegen das Vorurteil anzukämpfen, er sei »antiquiert«. Reuter, Stifter, Wildenbruch werden einmal gestreift, W. Raabe und mehrmals Richard Wagner behandelt. Über das Ringen des zeitgenössischen Schrifttums schweigt sie merkwürdig lang. G. Hauptmann taucht erst 1899 einmal auf, neben ihm dann G. Falke, seit 1905 D. Liliencron. Hier dringt die Zeitschrift über die allgemeine Schulmeinung, die allem Neuen noch sehr abhold war, nicht hinaus. Langsam wächst der Anteil, aber erst seit Ladendorf 1910 neben Lyon getreten war, öffnet sich die Zeitschrift stärker den Dichtern der Zeit. So meint denn W. Hofstaetter in seinem Rückblick auf die ersten 25 Jahre der Zeitschrift: »Soviel ich sehen kann, ist der Hauptschaden doch der, daß immer noch verkannt wird, daß die ins kleinste gehende Lektüre einiger weniger klassischer Dichtungen ihnen nicht zum Segen gereicht und daß auch die Jugend unserer Schulen ein Recht hat auf die Dichter des 19. Jahrhunderts« (26, 12, 34). Noch 1918 fragt Adolf Krüper, der den Vorschlag bringt, das österreichische Geistesleben tiefer erfassen zu lassen: »Woher eigentlich diese beharrliche Zurückhaltung von der Literatur der nachgoethischen Zeit und unserer zeitgenössischen Dichter?« (32, 18, 177).

In den zweiten 25 Jahren hat die Zeitschrift dann gerade eine besondere Aufgabe darin gesehen, zu den bleibenden Dichtern des 19. Jahrhunderts, vornehmlich den großen Realisten, hinzuführen und zugleich dem Schrifttum der Gegenwart zu dienen; hier galt es, sorglich zu prüfen, was sich für die Schule eigne (zumal als die Verleger immer mehr zur Schule hindrängten) und wie das Wertvolle am besten erschlossen werden könne. Dabei ging der Blick immer stärker über die Grenzen des Reiches hinaus und ruhte mit besonderer Liebe auf der volksdeutschen Dichtung. Wenn man die Jahrgänge auf das behandelte Schrifttum durchgeht, so freut man sich, daß wohl keiner der Bedeutenden fehlt und nur wenige Aufsätze allzu zeitbedingt erscheinen. Man erkennt aber auch, welch ein Schatz der deutschen Schule gerade in der Dichtung der Gegenwart geschenkt ist, eine Dichtung, die sich in ganz anderem Maße als die früherer Zeiten für die Jugenderziehung fruchtbar machen läßt.

Eine Frage: »klassische oder zeitgenössische Dichtung« gab es für die Zeitschrift nicht mehr. Und als 1929 in der »Erziehung« ein scharfer Kampf ausbrach, Schönbrunn behauptet hatte, die Großstadtjugend lehne die Klassiker ab, Korff dagegen nur die Klassiker, nicht aber das moderne Schrifttum in der Schule behandelt haben wollte, da wandte sich Hofstaetter gegen beide, den einen, der darauf verzichtete, der Jugend zu Werten zu verhelfen, die sie selbst nicht mehr sah, und den anderen, der meinte, die Jugend brauche nicht zu den zeitgenössischen Dichtern geführt zu werden, weil sie sich allein zu ihnen finde (43, 29, 627; 638). Wie man mit Max Vanselow »einen für alle deutschen Schüler verbindlichen Kanon« festlegen möchte, der eine Art Bibel darstellt, die alle bindet und miteinander verbindet (48, 34, 220), – so wird man auch in Zukunft um alles Neue ringen müssen, das für die Jugend von Wert ist.

Die Zeitschrift hat nie die Arbeit an den Klassikern und mit den Klassikern unterbrochen; jedes Jahr bringt eine neue Erkenntnis, eine neue Auffassung oder einen Vorschlag für die Behandlung im Unterricht. Klopstock und Herder treten erst in neuerer Zeit stärker hervor, Lessing begegnet oft, ebenso Kleist, dessen ›Prinz von Homburg‹ immer wieder zur Betrachtung gereizt hat. Die Ausdeutung und Auswertung Schillers nimmt einen großen Raum ein.

Um eine Vorstellung von dieser Arbeit, zugleich aber auch von der Unerschöpflichkeit Goethes zu geben, bringe ich die *Fragestellungen, mit denen man* in den 50 Jahren *an Goethes Erscheinung*, Leben und Werk *herangetreten ist,* natürlich ohne die vielen erläuternden Einzelbemerkungen anzuführen, die sich in den ersten Jahrgängen finden.

Eine Reihe von Werken begegnet nur ein- oder zweimal: ›Natürliche Tochter‹, ›Hermann und Dorothea‹, ›Dichtung und Wahrheit‹, ›Kampagne in Frankreich‹, ›Wahlverwandtschaften‹, ›Wilhelm Meister‹, merkwürdigerweise auch ›Götz‹, ›Werther‹, ›Iphigenie‹ und ›Tasso‹. Besondere Liebe finden ›Egmont‹ und ›Faust‹. Ballade und Lyrik begegnet mehrmals, und wiederholt wird in späteren Jahrgängen Goethes Bedeutung für die Kunsterziehung (Farbenlehre u. a.) behandelt. Viel mehr aber als um Einzelwerke bemüht man sich um *grundsätzliche Fragen:* G., ein großer Nehmer (4, 90, 357); die dichterische Aufgabe G.s und ihre Behandlung in dem höheren Unterricht (10, 96, 97); G. und die Verdächtigung seiner Vaterlandsliebe (14, 00, 753); G.s Verhältnis zu Schiller (16, 02, 465); G.s Auffassung vom Wesen des Glücks (19, 05, 145); Furcht und Hoffnung in G.s und Schillers Auffassung (24, 10, 145); G.s Ansichten über Selbstregierung und Vertretung des Volkes (28, 14, 823); Deutsches Wesen im Urteile G.s (29, 15, 320); G. als Erzieher seiner selbst (30, 16, 691); G.s Anschauungen über Erziehung und Bildung im Hinblick auf die Gegenwart (35, 21, 13); G. und die bildende Kunst (41, 27, 657); G. und der Historismus (Erg.-H. 21); G.s Gedicht ›Vermächtnis‹, eine Summe seiner Weltanschauung (44, 30, 333); Die philosophischen Grundlagen von G.s Weltanschauung (44, 30, 597); G.s drei Betrachtungen über sein Verhältnis zu Freiheit und Gesetz (46, 32, 129); Der Kampf um das neue G.-Bild (46, 32, 168); G.s pädagogische Haltung (46, 32, 273); Die Religion des jungen G. (47, 33, 43); Das Verhältnis der heutigen Jugend zu G. (47, 33, 172); G.s Weltanschauung im Deutschunterricht (48, 34, 177); Verantwortung und Gemeinschaftsbewußtsein in G.s Mannesjahren (49, 35, 111); G., das Humanitätsideal der klassischen deutschen Dichtung und die Gegenwart (49, 35, 313).

2. Besinnung auf das Wesentliche
Deutschtum als Ziel

Otto Lyon hatte anfangs von einer »Erziehung unseres Geschlechts zur Sprachschönheit, Sprachreinheit und Sprachrichtigkeit, die ja zugleich einen Weg bahnen zu der so heiß erstrebten wirklichen Durchbildung, dem höchsten Ziel aller Erziehung« (1, 87, 13) gesprochen. Er erhoffte die Hebung des »allgemeinen Stils durch Schulbildung« (1, 87, 455) und wollte »unser Volk wieder gewinnen für die lebendige Dichtung« (1, 87, 458). Aber schon sehr bald sah er das Ziel des deutschen Unterrichts klarer. Ohne jemals die *Notwendigkeiten* zu vernachlässigen (»daß der deutsche Unterricht den Schüler zur Sicherheit und Gewandtheit im mündlichen und schriftlichen Ausdruck sowie zu der Fähigkeit, die Hauptwerke unserer Dichtung zu genießen und zu verstehen, hinzuführen hat, setze ich als selbstverständlich voraus« [12, 98, 15]), sah er die wichtigere Aufgabe: »*Vaterländische Gesinnung zu wecken*, in die eigene Art deutscher Sprache, deutscher Sitte und Gebräuche einzuführen, ist in erster Linie der deutsche Unterricht berufen« (4, 90, 247). »Der deutsche Unterricht ist vor allem imstande, die Frage zu beantworten: ›*Was ist deutsch?*‹ Welches sind die starken Wurzeln unserer Kraft? Worin beruht das Eigenartige und Urwüchsige, ich möchte sagen das Ewige im Wesen unseres Volkes?‹« (4, 90, 357). »Aufgabe der Schule ist es, Herz und Verstand des heranwachsenden Geschlechtes in nationalem Sinne zu bilden und zu erziehen und dadurch mit darauf hinzuwirken, daß jene tiefe Erniedrigung, in die wir am Anfang unseres Jahrhunderts durch ein vaterlandsloses Weltbürgertum geraten waren, niemals wiederkehre« (7, 93, 705).

Noch standen bei Lyon äußerlich mehrere Aufgaben des deutschen Unterrichtes unvermittelt nebeneinander: »1. Der Deutschunterricht soll sich auf geschichtliche Betrachtung der Sprache gründen. 2. Der Deutschunterricht soll national sein. 3. Der Deutschunterricht soll unserem Volke eine gesunde ästhetische Bildung geben. 4. Der Deutschunterricht soll eine tiefgehende sittliche Wirkung ausüben« (Erg.-H. 3, 94, 359). Daß aber bei jeder dieser Aufgaben die deutsche Aufgabe mit gemeint war, erkennt man an den Bemerkungen zu der dritten Forderung: »Darüber sind wohl heute alle Denkenden einig, daß man zu einer allgemeinen Ästhetik erst dann aufsteigen kann, wenn man eine nationale Ästhetik geschaffen hat, genau so wie man den allgemeinen Menschen erst dann finden kann, wenn man den nationalen gewonnen hat und die ganze Menschheit erst dann heilen kann, wenn man das eigene Volk zur Gesundheit geführt hat« (362). War Lyon doch, wie Rudolf Hildebrand, von der Überzeugung durchdrungen, daß eine neue Weltanschauung heraufsteige: »Die neue gewaltige Idee des Germanismus wird alle Gegner siegreich überwinden« (7, 93, 714).

Noch hören wir aber die Klage: »Wir haben ja keine Wissenschaft der nationalen Erziehung« (8, 94, 518). Aber immer entschiedener erhoben sich die Stimmen für die *Besinnung auf das Wesen des deutschen Volkstums.* Max Rosenmüller sagte in seinen Gedanken über ›Volkstumspädagogik‹: »In erster Linie soll und muß die Schule die deutsche Jugend zum bewußten Deutschen erziehen. Was ist denn Deutsch? Das ist vielleicht die Kardinalfrage, die zuerst erledigt sein müßte« (19, 05, 587). »Das Volkstum als ›Summe der Wesensbesonderheiten eines Volkes, als psychophysische Mischung, die den Deutschen zum Deutschen macht‹, ist etwas Dauerndes, objektiv Feststellbares. Auf Grund der Volkstumswissenschaft allein kann daher eine deutsche Pädagogik aufgebaut werden. Daraus ergibt sich zunächst, daß es eine Menschheits-, eine internationale Pädagogik nicht geben kann, weshalb man die Volkstumspädagogik als Deutschtumspädagogik schlechthin bezeichnen kann« (589). Rosenmüller leitete daraus als wichtigste erzichliche Forderung ab: »Suche den Zögling auf keine Weise zu erziehen und zu unterrichten, die seinem Volkstum widerspricht« (591), meinte aber, »die Zeit, ein System der Deutschtumspädagogik aufzustellen und in allen Einzelheiten zu begründen und durchzuführen, sei noch nicht gekommen« (426). Wie man das Ziel in der Ferne sah, so war man sich bewußt, daß man von wirklich deutscher Erziehung noch weit entfernt war. »Ein solches Geschlecht, dem unbedingtes und unbeirrtes nationales Denken und Handeln so selbstverständlich und unentbehrlich ist wie Luft und Licht, zu schaffen, vermag aber nur eine wahrhaft deutsche Erziehung. Daß unsere gegenwärtige Schularbeit diesen Namen nicht verdient, kann keiner verkennen, der sich über diesen Begriff im klaren ist« (22, 08, 300).

Der *Weltkrieg* stellt das erzichliche Denken vor bestimmte Entscheidungen. »Hier wird nun der Krieg, der aus den Vorstellungen unseres Volkes niemals verschwinden kann, zur Quelle neuer Kraft. Den Knaben und Jünglingen – auch den Mädchen! –

redet diese Zeit mit feurigen Zungen: Dein Volk braucht dich! Deine körperliche, geistige, sittliche Kraft ist an bestimmter Stelle unentbehrlich, als Schwächling bist du minderwertig. Du bist nicht auf der Welt um deiner persönlichen Glückseligkeit willen, sondern nur so weit wertvoll, wie du dich eingliederst in den Ring der Lebenden mit dem Ziel ›Alles für Deutschland‹, wie der Ring der Toten das vorbildlich getan für dich, für unsere Zukunft. Dein größter Makel: ›wertlos für dein Volk!‹« (32, 18, 52). »Solange noch eine Stimme unter den Gebildeten sich findet, die in diesen Tagen über die Einbuße an individuellem Glück und individueller Freiheit klagt, solange hat Fichte vergeblich gepredigt« (30, 16, 391). »Der Staat durchsetzt alle Maßstäbe, die wir hatten und haben. Humboldts Erziehung war international. Er wollte ›Menschen‹ bilden. Unser Erziehungsziel ist völkisch ... Wir können allein münden in einem Ideal der Erziehung zu völkischem Geist, das ist zur bewußten Staatsgesinnung und Staatstreue bis zum Tode« (392) (K. Kunze).

Erst die Furcht vor dem Verlust ließ den eigenen Wert und Besitz voll erkennen. Aloys Fischer betonte: »Wir Deutschen können unsere Erziehung mit deutschem Bildungsgut bestreiten; mehr noch als für unsere Wirtschaft und Wehrkraft wird für unser Bildungswesen eine Selbstzulänglichkeit Ehrenfrage werden« (30, 16, 217). Die entschiedene Einstellung der Kriegszeit auf Deutschtum, verbunden mit der besonnenen Überlegung, kommt am besten in den Worten W. Hofstaetters zum Ausdruck: »Das Deutschtum soll nicht das einzige Moment zur Erziehung sein, aber es ist das erste (30, 16, 378) ...« »So erhoffen wir eine vielgestaltige, aber auf *einer* Grundlage der Bildung erbaute und im Bildungsziel einheitliche deutsche Schule der Zukunft« (386).

Das schönste Zeugnis der Forderungen einer wahrhaft deutschen Schulgestaltung bildete die »*Eingabe des Deutschen Germanistenverbandes* an die deutschen Regierungen behufs Neuordnung des deutschen Unterrichts an höheren Schulen« (30, 16. Beil. zu H. 5/6). Ich würde sie am liebsten ganz anführen.

»Gemeinsames Handeln kann nur aus gemeinsamem Willen entspringen, und dieser gemeinsame Wille kann nur erwachsen aus gemeinsamen Anschauungen und Überzeugungen über die Grundlage, Werte, Wege und Ziele des Deutschtums. Der unheilvolle Zwiespalt, der heute zwischen der Volksschule und der höheren Schule klafft und der zwischen den aufeinander angewiesenen Volksgenossen der verschiedenen

Stände ein meist auf mangelndem Verständnis beruhendes Mißtrauen verschuldet, wird geschlossen ... Die an sich notwendige und förderliche Vielfältigkeit der höheren Schularten erhält die notwendige Einheit ihrer Grundlage ... Das Unrecht gegen die Eigenwerte des deutschen Volkstums ist um so größer, als diese weder in der Kunst noch in der Wissenschaft an Weite und Tiefe hinter den Leistungen irgendeines Volkes zurückstehen ... Alle Einsichtigen sind durchweg der Überzeugung, daß nur auf dem Wege einer bewußten deutschen Erziehung eine einheitliche und zukunftssichere deutsche Bildung geschaffen werden kann.«

Ich will die Stimmen nicht häufen, die sich *nach dem* verlorenen *Kriege* erst recht zum Volkstum bekannten, und nur diese eine anführen:

»Zunächst muß die Tatsache zur Geltung kommen, daß alle wahrhafte Geistesbildung im Volkstum wurzelt, daß also die deutsche Schule aller Gattungen und Stufen in die Eigenart unseres Volkes, ihre natürlichen Kräfte und die daraus erwachsenen Werte jeder Art im geistigen wie im wirtschaftlichen Leben zu gründen ist. Nur so dies geschieht, werden wir zu dem Ziel gelangen, das andere Völker, namentlich Franzosen und Engländer, längst erreicht haben, eine wirkliche Nation zu werden, als solche unser eigentümliches volkhaftes Wesen frei und kräftig zu entwickeln und so zugleich unser Volksleben zum eigenen Segen auf die denkbar höchste Stufe der Leistungsfähigkeit zu steigern, wie auch unserer Weltaufgabe in der Gesellschaft der Völker im edelsten Sinne zu genügen« (Johann Georg Sprengel 34, 20, 214).

Leider blieb die großzügige Umwandlung des Schulwesens in deutschem Sinne aus, so viel die preußische Neuordnung vom Jahre 1924 im einzelnen Gutes brachte. »So hatten wir uns die eindeutschende Neugestaltung des höheren Unterrichtswesens in Preußen freilich nicht gedacht«, schrieb Klaudius Bojunga, »als wir im Frühjahr 1916 an die Schulverwaltungen unseren Weckruf sandten.« Eine »bodenständige, alle Klassen zu einer unlöslich geistigen Einheit verbindende Volksbildung« hatte man erhofft, ein Gedanke sollte sie durchdringen: »Die Jugend zu stolzem und treuem Volksbewußtsein zu erziehen durch liebevolle Einführung in die unerschöpflichen Schätze der deutschen Seele« ... so mußte diese »Neuordnung« im ganzen bitter enttäuschen (38, 24, 224).

Mancher neue Plan in anderen Ländern führte wohl ein Stück weiter, – das Reich, das die Führung hatte übernehmen wollen und sollen, versagte ganz für eine wahre Neuordnung. Der Zeitschrift blieb aber die Möglichkeit, im einzelnen Lehrer den Sinn für die Größe seiner nationalen Aufgabe wachzuhalten und ihn im Kampf für »treues und stolzes Volksbewußtsein« zu stärken, aber die weltanschauliche Zersetzung machte selbst dieses Ringen um den einzelnen immer schwerer.

Von der deutschen Sprache und Literatur zum deutschen Leben.

»Bei der Lektüre der alten Sprachdenkmäler und der Darstellung der Sprachgeschichte«, sagte Otto Lyon (7, 93, 719), »wird man von selbst auf die Kulturverhältnisse unserer Vorzeit geführt. Ohne deren Berücksichtigung ist das Verständnis unserer althochdeutschen Literatur unmöglich. Bei der Lektüre soll daher der Schüler zugleich in die deutschen Altertümer eingeführt werden, immer an der Hand von Quellen ... Vor allem sind die Bräuche und Sagen der Stadt und der Landschaft, der eine Anstalt angehört, in lebendiger Weise zu behandeln.« »Jedes Volk ist eine Persönlichkeit, die Gemeinschaftspersönlichkeit, und daher ist auch nur das gesund, was eine Nation nach ihrem Wesen und ihrer Eigenart vorwärtsbringt. Alles also, was den Menschen oder das Volk schädigt, in seiner gesunden Entwicklung hemmt oder seine besten Güter oder Eigenschaften vernichtet, ist als krank oder verkehrt abzulehnen oder zu bekämpfen« (13, 99, 443).

In diesen Worten ist eigentlich schon der ganze Umfang der Deutschkunde und der Heimatkunde enthalten. Aber dieses »von selbst«, wie Lyon sagte, war doch nicht so selbstverständlich.

Daß man unendlich viel aus der *Literatur im Unterricht* herausholen kann, hat Emil Ermatinger gezeigt (44, 30, 631).

»Je und je hat man bei der Bildung der Persönlichkeiten dem Unterricht in der Literatur eine erste, vielleicht sogar die erste Stelle angewiesen. Wer in die Werke der nationalen Literatur eindringt, erkennt, wie hier das Fühlen und Denken des eigenen Volkes in dem Werk des Dichters Wort und Bild geworden ist, wie hier die höchsten geistigen und seelischen Werte, die eine Volksgemeinschaft kennt, Gott, Schicksal, Volk, Vaterland, Heimat Ausdruck und Gestalt gefunden haben ... Man nehme nur einmal aus dem Vorstellungsschatz des Deutschen Gestalten wie Siegfried und Hagen, Parzival, Simplizissimus, Tellheim, Faust, Wallenstein, den Prinzen von Homburg, den Grünen Heinrich weg und mache sich klar, was dann noch übrig bleibt.«

Das ist sehr fein gesagt, aber man hat der Literatur gegenüber immer die Empfindung, daß die Schule über sie hinaus an die

Dinge selbst herankommen sollte, mit dem Leben in unmittelbare Berührung treten müsse.

Man wollte *das Leben des Volkes in allen seinen Äußerungen* fassen und in der Schule verwerten. Dann durfte man sich freilich nicht mit einer wissenschaftlichen Volkskunde zufrieden geben. »Seit über einem Jahrhundert sammeln und durchforschen wir alle irgendwie erreichbaren Äußerungen des Volksgeistes, schreitet die Wissenschaft Volkskunde von Erkenntnis zu Erkenntnis; aber gleichzeitig schwindet das wertvolle Volksgut immer mehr aus dem lebendigen Gebrauch des Volkes, verfällt unsere gesamte Kultur heilloser Verwirrung, und die Gefahr liegt nahe, daß die Vollständigkeit unserer Sammlung zeitlich zusammenfällt mit dem völligen Untergang unserer alten Volkskultur. Die Schuld daran trägt zu einem wesentlichen Teile die Volkskunde selbst. Sie hat sich nie besonders bemüht, Einfluß auf das Leben zu gewinnen, ist früh gelehrt, wesentlich rückwärtsgewandt und damit unlebendig geworden« (38, 24, 132). Die Erkenntnisse der Volkskunde mußten sich in Tat und Beispiel umsetzen.

Es begegneten sich also zwei Strömungen; die Volkskunde wollte durch die Schule auf das Leben einwirken, und die Schule wollte über die Literatur hinaus zum Volksleben vordringen.

Der deutsche Fachunterricht erweiterte sich zu einem Teil des deutschen Lebensunterrichts, dem die ganze Schule dienen sollte. »Die Hauptaufgabe des deutschen Unterrichtes ist es, die Schüler zu lehren, ihr Vaterland zu lieben, seine Geschichte und seine gegenwärtigen Aufgaben, seine Wälder und Ströme, seine Berge und Burgen, seine Kultur, seine Kunst und Wissenschaft« (22, 08, 227). Aus dem Gefühl des Lebens heraus verlagerte sich *das Schwergewicht vom Verständnis auf den Willen.* Als Klaudius Bojunga die Gestaltung des deutschen Unterrichts in Leitsätze faßte (Erg.-H. 9, 1913), hieß einer dieser Leitsätze: »Der Deutschunterricht soll den *Willen* zu freudiger Mitarbeit an der Läuterung, Vertiefung und Entfaltung des Deutschtums wecken.« Als Voraussetzung dazu sagte der nächste Leitsatz: »Der Deutschunterricht muß die Bedingungen und Äußerungen des deutschen Lebens in ihrem Wesen, Wachsen und Wandel eingehend behandeln, und zwar besonders: Sprache, Schrifttum und Kunst, Sitte, Weltanschauung und Recht, Stammesart, Volksart und Staat.« Aus dem Sprachunterricht und Literaturunterricht sollte ein *deutschkundlicher* werden. Man stellte Sprache und Schrifttum neben die anderen Äußerungen des deutschen Geistes. Das kam zum Ausdruck in den Worten W. Hofstaetters: »Wir sehen in Sprache und Schrifttum nur einen Ausdruck des gesamtdeutschen Formwollens. Wir suchen den Geist, der hinter dem allen steckt; wir gehen von den einzelnen Erscheinungen zur Quelle, aus der sie fließen ... Wir ziehen die Äußerungen des Volkes in Sitte und Brauch mit heran, die Altertumskunde, die Entwicklung der bildenden Kunst und der Musik, greifen hinüber zu Recht, Staat und Gesellschaft. Aus dem allen suchen wir ein Gesamtbild zu entwerfen von dem Werden deutschen Wesens, suchen ein Gefühl zu erwecken für die Eigenart der deutschen Seele« (39, 25, 536).

Den *Umkreis der Deutschkunde* hatte W. Hofstaetter, der das von Paul Langhans geprägte Wort als erster für die Bildung verwandte, in seinem 1917 herausgegebenen Buch ›Deutschkunde‹ abgesteckt. In seinen ›Forderungen und Wegen für den neuen Deutschunterricht‹ (Erg.-H. 17, 1921), sagte er: »Vier Forderungen sind es vornehmlich, die jetzt an den deutschen Unterricht herantreten. Einmal soll er sich einstellen auf *Deutschkunde.* Zum anderen soll er mehr als bisher *die Gegenwart verstehen lehren.* Das erfordert aber eine Umstellung in der Art der Behandlung: Immer mehr müssen wir statt aufs Einzelne *aufs Ganze* sehen, Zusammenfassung anstreben, und immer mehr müssen wir die *Schüler selbst zur Arbeit heranziehen*« (3). Er war es auch, der in dem »Kampf gegen die Deutschkunde« (41, 27, 97) die Verteidigung führte gegen die Vorwürfe der Vernachlässigung des Handwerklichen, der Überfütterung und Überanstrengung, des Historismus und des Scheinideales vom deutschen Menschen.

Er durfte dies auch gerade im Blick auf die Haltung der Zeitschrift. Sitte und Brauch, Altertumskunde und die anderen Gebiete sollten nur »mit herangezogen« werden, um ein Gesamtbild zu gewinnen. Grundlage und Kernstück bleiben Sprache und Schrifttum, alles andere soll nur helfen, die aus Sprache und Schrifttum gewonnenen Einsichten zu vertiefen. Immer wieder hat sich die Zeitschrift dagegen gewehrt, etwa die Volkskunde systematisch zu treiben oder eins der anderen Gebiete um seiner selbst willen zu behandeln. Und immer wieder hat sie betont, daß der Deutschunterricht sich wohl deutschkundlich einstellen, nicht aber das Gesamtgebiet der Deutschkunde behandeln solle. Dazu müßten Geschichte, Erdkunde und Religion, im gewissen Grade alle Fächer der Schule mitwirken.

Die Lehren des Krieges wiesen die Deutschkunde auf das *Gebiet des Politischen* hin. Schon Otto Lyon hatte gesehen (19, 05, 227): »Aller geistige, wissenschaftliche, künstlerische und wirtschaftliche Fortschritt ruht in letzter Linie immer auf der politischen Macht ... Wir Deutschen haben leider Jahrhunderte hindurch der Meinung gelebt, daß die literarisch-ästhetischen Ideale die höchsten seien, und haben daher vor allem diesen Idealen nachgejagt ... Über das uferlose: ›Ich will‹ des alten Idealismus ist das mächtige: ›Du sollst‹ eines neuen Idealismus zu unserem Heile siegreich emporgestiegen.« Im Kriege stellte Johann Georg Sprengel in seiner Abhandlung ›Das Staatsbewußtsein in der deutschen Dichtung seit H. v. Kleist‹ (Erg.-H. 12, 1918, 1) fest: »Eine der verblüffendsten sinnfälligen Wahrheiten ist die, daß das um seinen Bestand und seine Zukunft so entschlossen ringende, einer ganzen Welt mächtiger Feinde so überlegen trotzende Deutschtum auf der Höhe seines Weltlebens bis zum heutigen Tage ein gänzlich unpolitisches Volk geblieben ist.« Und er fügte hinzu (3): »Erst im Machtstaat ist die Gewähr für Erhaltung und ungehemmte Weiterbildung aller im Volkstum und Volksleben lebendigen Werte gegeben. So ist es denn die höchste Aufgabe unserer Jugendbildung im Zeichen des Staatsbewußtseins, daß dem einzelnen – im umfassenden und edlen Sinne des Begriffs – politisches Denken und politische Würde, politisches Fühlen und politischer Takt anerzogen wird ... Wir müssen eingestehen, die Aufgabe einer ernsthaften, sachbewußten staatsbürgerlichen Erziehung ist für uns in ihrem vollen Umfange noch neu zu leisten« (4).

Den letzten Durchstoß der Deutschkunde zum Politischen brachte der Nationalsozialismus. Nun sieht Walther Linden in der »Deutschkunde als politischer Lebenswissenschaft das Kerngebiet der Bildung« (47, 33, 337), und Herbert Freudenthal weist der »Deutschkunde als politischer Volkskunde in Schule und Lehrerbildung« ihren Platz an (49, 35, 1).

[...]

Von der Aufgabe und den Gegenständen der Literaturwissenschaft
[1939]

Die Literaturgeschichte steht, wie alle Geisteswissenschaften, unter der Frage: »Was ist der Mensch?« Wie alle Geschichte unterrichtet sie über Möglichkeiten des Menschen, die nacheinander im Wandel der Zeiten Wirklichkeit geworden sind. Sie wagt vielleicht nicht mehr, sich zu dem kühnen, gegen Nietzsche gerichteten Satze Diltheys zu bekennen: »Was der Mensch sei, sagt nur die Geschichte.«[1] Doch unbeirrbar hält sie an dem Wort des jungen Dithley fest:

»Wer mit solchem Ausblick nach den Formen des menschlichen Daseins, den Gesetzen, die es beherrschen, den Richtungen, die seiner Natur entspringen, Geschichte studiert, in dem ist ein ebenso grosser Teil der uns vergönnten Wahrheit auf originale Weise lebendig als in dem Philosophen.«[2]

Mag die Frage nach den Möglichkeiten des Menschen mehr monumentalisch, mehr antiquarisch oder mehr kritisch verstanden werden, in jedem Fall entscheidet sie, was wissenswert und was gleichgültig sei. Die Antwort aber, welche die Literaturgeschichte zu geben hat, ist der Beitrag einer durchaus eigenständigen Wissenschaft zur allgemeinen Anthropologie. Ob sie ihre Arbeit stets in diesem Sinn verstanden hat?

Wilhelm Scherer hat die Fragen literaturgeschichtlicher Forschung in die bekannte Formel »Erlebtes, Erlerntes, Ererbtes« zusammengefasst. Unter diese drei Begriffe, wenn man sie nur als Titel nimmt, lassen sich viele Probleme auch der neueren deutschen Literaturgeschichte noch immter unterbringen.

Am meisten hat die Frage nach dem Erlernten an Anteil eingebüsst. Es kümmert uns heute nicht mehr sehr, ob wir alle Bücher kennen, die ein Dichter gelesen hat, ob diese Wendung seiner Prosa einer vergessenen Schrift entlehnt, jener Vers einer Erinnerung an ältere Lyrik zu danken sei. Wenn ein Wort lebendig ist, wenn es uns anspricht, gibt es eine Möglichkeit menschlichen Da-

---

[1] Wilhelm Dilthey: Ges. Schriften, Leipz. u. Berl. 1924 ff. IV, 529.
[2] Der junge Dilthey; Leipz. u. Berl. 1933, S. 81.

seins kund. Was kann es da bedeuten, wenn dieselbe Möglichkeit schon früher erfahren und ausgedrückt worden ist? Was soll der Versuch, den Einzelnen und sein Eigentum säuberlich auszusondern? Als ob der Dichter überhaupt je ein Einzelner sein könnte! Ein Einzelner ist der Mensch in sittlicher oder in religiöser Hinsicht. Doch schon die Sprache eines Dichters ist allen gemeinsam, an die er sich wendet. Und das Neue, das der schöpferische Künstler stiftet, ist jedenfalls nie mit den Mitteln einer die Wörter vergleichenden Philologie herauszulösen. Wie dieselbe Folge von Tönen in Beethovens ›Eroica‹ und in Mozarts ›Bastien et Bastienne‹ ganz unvergleichbar klingt, so kann dieselbe Folge von Wörtern Grundverschiedenes besagen, gerade in dem, was wesentlich ist und dichterisch den Ausschlag gibt. Das »Erlernte« in diesem Sinn ist also nicht einmal feststellbar, geschweige denn irgendwie wissenswert.

Aber auch wenn es um mehr als um das wörtliche Soll und Haben geht, bleibt die Fragestellung misslich; wenn es sich etwa darum handelt, dem ersten Anfang einer neuen Epoche, z. B. der Renaissance, der Romantik, auf die Spur zu kommen. Da werden immer ältere Gründer, immer frühere Vorbereitungen grosser Blütezeiten entdeckt, bis die Spur am Ende sich im Unbestimmtesten, das alles und nichts enthalten kann, verliert. Freilich ist das Wachstum neuer Geistigkeit ein grosses Schauspiel und aufmerksamster Beachtung wert. Doch dann beginnt der Irrtum, wenn man glaubt, das Neue könne aus dem Alten abgeleitet werden, es sei mit der Ahnenreihe erklärt, wenn man nicht zugeben will, dass gerade umgekehrt das Frühere als Stufe von der Höhe aus verständlich wird, dass der Same nach der Blüte, aber nicht die Blüte nach dem Samen abzuschätzen sei.

Anders ist es, wenn das Lernen als solches selbst zum Gegenstande der Betrachtung werden soll. Wie Goethe den Homer und Shakespeare, wie Schiller Sophokles aufgenommen, Gnade und Fluch des Epigonen, die Strahlung eines grossen Geistes in die Jahrhunderte, die ihm folgen, das sind würdige Probleme einer Geistesgeschichte, die der Frage nach der Macht, nach den Möglichkeiten des Menschen dient. Hier aber ist die Absicht nicht, den Einzelnen auszusondern und alte Eigentumsrechte geltend zu machen, sondern der Höhenzug der Menschheit durch die Zeiten und die freie Gemeinschaft des Schaffens wird verfolgt, die zeugende und manchmal auch die lähmende, tödliche Kraft des

Worts. »Die Antike und der deutsche Geist«, »Goethe und die Romantik«: in solchen Themen erhält der Begriff des Erlernten einen lebendigen Sinn, eine Bedeutung, von der die Schule Scherers freilich wenig ahnt.

Der Titel »Ererbtes« muß für ganz verschiedene Unternehmungen gelten, zunächst für die tiefenpsychologische Forschung und für die Stammesgeschichte, die Josef Nadler ausgeführt hat. Diese beiden Richtungen haben nämlich wenigstens eins gemeinsam: sie gehen zur Erklärung literarhistorischer Befunde in eine tiefere Schicht zurück, aus dem Bereich des Worts in den des Bluts oder den des Unbewussten. Und sie glauben, das eine aus dem andern nach dem Verhältnis von Ursache und Wirkung begreifen zu können. So sagt z. B. Nadler, dass »das Feinste, das Geistigste wie in goldenen Dämpfen«[3] aus Blut und Erde aufsteigt; und er meint den Geist zu begreifen, indem er das Blut und die Erde erforscht. Oder ein Jünger Freuds behauptet, den ›Ödipus rex‹ erklärt zu haben, indem er als seelischen Hintergrund der Sage einen Komplex feststellt.

Darüber kann kein Zweifel sein: hier verzichtet die Literaturgeschichte auf ihre Autonomie und begibt sich in den Dienst der Psychoanalyse und Ethnologie. Denn was den Literarhistoriker angeht, ist das Wort des Dichters, das Wort um seiner selbst willen, nichts was irgendwo dahinter, darüber oder darunter liegt. Nach dem Ursprung eines Kunstwerks aus dem Stamm, dem Unbewussten − oder was es auch immer sei − können wir ja dann erst fragen, wenn der unmittelbare künstlerische Eindruck nachgelassen hat. Doch eben dies, was uns der unmittelbare Eindruck aufschliesst, ist der Gegenstand literarischer Forschung; dass wir begreifen, was uns ergreift, das ist das eigentliche Ziel aller Literaturwissenschaft.

Derselbe Einwand gilt für die Erklärung des Dichterischen aus der Gesellschaft, aus der politischen Lage, den kulturellen Verhältnissen einer Zeit, für alle Versuche überhaupt, das Wesen des Kunstwerks als Ergebnis oder als Funktion zu verstehn. Damit wird der Wert kulturgeschichtlicher oder soziologischer Einführungen nicht geleugnet. Wer wollte sie, zumal bei älteren Dichtern, deren Lebensraum uns fremd geworden ist, entbehren? Zu

[3] Josef Nadler: Literaturgesch. d. dt. Stämme u. Landsch. I. Aufl. Regensburg. 1912, I, VII.

vielem, was uns kostbar ist, bliebe der Zugang ganz versperrt. Allein, man sei sich stets bewusst, dass solche Einführungen nur bis zur Pforte des Dichterischen geleiten, dass die eigentlich literaturwissenschaftliche Arbeit erst beginnt, wenn wir bereits in die Lage eines zeitgenössischen Lesers versetzt sind. Seltsam muten uns deshalb jene Dichtermonographien an, die sich in der Schilderung der Umwelt, der Voraussetzungen, wohl auch der Ideenund Stoffgeschichte nicht genug tun können, am vollendeten Werk dagegen auf wenigen Seiten vorübergehn, als sei nun nicht mehr viel zu sagen. Womöglich gilt es noch als Verdienst, wenn der Eindruck sich verbreitet, jetzt, in dieser Zeit, in diesem Raume habe dieses Werk im Ganzen und mit allen Einzelheiten notwendig entstehen müssen. Aber was ist damit erreicht? Trotz allen feierlichen Beteuerungen ficht ein solches Verfahren die Würde der schöpferischen Freiheit an. Manchmal will es uns denn auch scheinen, als habe die Literaturgeschichte keinen dringlicheren Auftrag, als die Ehre zu mindern, die dem freien Schöpferischen gebührt. Und warum? Weil das Schöpferische sich nicht begründen lässt.

Doch wenn es sich nicht begründen lässt, ist es dann für die wissenschaftliche Forschung überhaupt erreichbar? Darüber äussert sich sehr seltsam Werner Mahrholz in seinem bekannten Büchlein ›Literaturgeschichte und Literaturwissenschaft‹ (2. Aufl. Leipz. 1932). Er unterscheidet »Literatur« und »Dichtung«. Dichtung ist überzeitlich, »unmittelbar zu Gott« und so dem Werden und Vergehen entrückt. Die Literatur gehört dem Tag und bleibt der Mode und andern zeitlichen Wirksamkeiten ausgesetzt. Daraus wird gefolgert, dass »die Literatur ein kontinuierliches Ganzes von kausalen Verknüpfungen darstellt und somit geschichtlicher Betrachtung zugänglich ist«. Dichtung dagegen ist einer solchen Betrachtung unzugänglich; und also, entscheidet Mahrholz, möge sich unsere Wissenschaft bescheiden, »der Entwicklung der Literatur nachzugehn und die Dichtung mit ehrfürchtigem Staunen in ihrer stolzen, übergeschichtlichen Einsamkeit und Unberührtheit zu lassen.«[4] So? Wir folgern umgekehrt, dass die Kategorie der Kausalität, wie sie hier verstanden wird, nur ein untergeordnetes Werkzeug in der Hand des Historikers

---

[4] a. a. O. S. 71 u. 70.

126

sei, tauglich, die Gespinste des unfreien Geistes zu entwirren, doch unbrauchbar für alles, was die Mühe der Untersuchung lohnt.

Das trifft die Stammesgeschichte und die Tiefenpsychologie zwar nicht. Denn hier stellen wir nur fest, dass es nicht gelingt, Dichtung abzuleiten aus Literatur. Dort aber wird der Versuch gemacht, das Wort nicht wieder aus dem Wort, sondern aus einem andern Bereich des menschlichen Daseins zu verstehen. Doch die Kategorie der Kausalität ist dort wie hier gleich unbrauchbar. Denn das Geistige ist kein Produkt des unbewussten Seelenlebens und ebensowenig ein Produkt des Biologischen, wie Nadler mit seinem allzu schönen Vergleich uns einzureden hofft. Nicolai Hartmann hat für das Verhältnis der höheren Schichten des Seins zu den niedern das Wort »aufruhen« geprägt und so die »Autonomie des getragenen Geistes«, das »kategoriale Novum« seines Wesens deutlich gemacht. »Das ist der Grund«, so lesen wir in seinem ›Problem des geistigen Seins‹, »warum es unmöglich ist, den Geist ›aus etwas zu erklären‹. Erklären in diesem Sinne lässt sich nur das Zusammengesetzte und Heteronome. Der Geist aber hat unbeschadet seines Aufruhens und seiner Daseinsabhängigkeit den Charakter der vollsten Eigengesetzlichkeit. ›Erklären‹ kann man ihn überhaupt nicht. Man kann an ihm nur beschreibend seine Wesenszüge aufzeigen«.[5]

Hier öffnet sich zugleich der Weg, auf dem wir der Verlegenheit entgehn: Beschreiben statt erklären! *Wie* dies möglich sei, beschäftigt uns noch nicht; doch *was* der Literaturhistoriker beschreibt, ist eben das Wort des Dichters selbst, das Wort, der Anfang und das Ende seiner Wissenschaft, die stark genug ist, in sich selbst zu ruhen. Was sie zwingen sollte, ihre Eigenständigkeit zu opfern, setzt uns niemand auseinander. Denn alle Wahrheit ist im Wort des Dichters unvermittelt da. Blut und Erde aber kommen erst im Wort zu einem Sinn. Ehe ein rheinischer, schwäbischer oder sächsischer Geist sich ausgesprochen, ist geistesgeschichtlich über diese Stämme gar nichts auszumachen. Und das Wort ist uns vernehmlich. »Seele« aber ist zunächst ein unausgewiesener Hilfsbegriff. Vernehmlich wird sie nur in dem, was wir die »Welt« des Menschen nennen (siehe S. 16); und ein Dichter überliefert seine Welt in seinem Wort.

---

[5] Nicolai Hartmann: Das Problem des geistigen Seins, Berl. u. Leipz. 1933, S. 54.

Der dritte Begriff, der uns aus Scherers Formel übrig bleibt, »Erlebtes«, hat wohl die grösste Bedeutung gewonnen. ›Das Erlebnis und die Dichtung‹ heisst der Titel eines Buches, das vier der schönsten Aufsätze deutscher Literaturgeschichte vereinigt. Ermatinger unterscheidet Stoff-, Ideen- und Formerlebnis, Gundolf Bildungs- und Urerlebnis. Man wäre versucht, zu sagen, hier sei die Klassik der Literaturgeschichte beisammen, Klassik deshalb, weil die Methode von Goethe bezogen und auf Goethe zugeschnitten ist.

Nun zeigt sich aber, je weiter wir in dieser Richtung vorwärtsdringen, dass gerade der Grundbegriff »Erlebnis« überflüssig wird. Denn wie man sich auch stellen mag: in dem Begriff »Erlebnis« steckt ein Ich und eine Welt an sich. Beide kommen dann zusammen und bilden die erlebte Welt, die Welt, von der die Dichtung spricht. Um das reine Ich zu finden, gehen wir hinter das Werk zurück und lesen die Briefe seines Schöpfers, Tagebücher und Entwürfe, wenn dergleichen vorhanden ist. Doch was ist's, das da erscheint? Wir sehen den Dichter gerade in einer minder reinen Daseinsform, vom Alltäglichen durchsetzt, mehr oder weniger eingeebnet in die gemeinsame Öffentlichkeit. Um die Welt an sich zu finden, erforschen wir die Zeitgeschichte, den Kreis, in dem der Dichter aufwächst, Kultur, Landschaft und Gesellschaft. Doch wir erreichen diese Welt immer nur in Dokumenten, das heisst so, wie sie andere Menschen aufgenommen haben. Statt auf den Dichter selbst, verlassen wir uns auf seine Zeitgenossen. Doch das »wahre« Bild der Welt, ja, wer vermag uns das zu zeigen? Das gibt es nicht, so wenig wie es andrerseits ein solches Ich gibt. Die Welt, die dem Erlebenden noch unerlebt gegeben sein soll, ist überhaupt nicht vorstellbar. Das Ich dagegen wird, auch wenn die Verfasser den Ausdruck meiden, als Bündel von Eigenschaften vorgestellt. So lesen wir etwa von der Hypochondrie im Charakter Heinrich von Kleists. Doch diese »Eigenschaft« bedeutet ja gar nichts anderes als die Art, wie Kleist sich seiner eigentümlichen tragischen Welt gemäss bewegt. Sinnlos wäre es, mit wissenschaftlichem Ernste vorzutragen, das tragische Weltbild seiner Dichtung *ergebe* sich aus der Hypochondrie. Denn wir haben mit diesem Begriff nur Einiges, was sich im Schaffen und Handeln Kleists zeigt, zusammengefasst. Nun soll der Begriff die Ursache dessen bezeichnen, woraus er gewonnen ist? Das gehört in den Molière:

>Opium facit dormire . . .
Quia est in eo
Virtus dormitiva,
Cuius est natura
Sensus assoupire.«

Gegen diesen wunderlichen Drang, die Kategorie der Kausalität um jeden Preis, selbst den vollkommener Nichtigkeit, zu retten, sei an Hegels Wort erinnert:

»Die Individualität ist, was *ihre* Welt als die *ihrige* ist . . . eine Einheit, deren Seiten nicht, wie in der Vorstellung des psychologischen Gesetzes als *an sich* vorhandene Welt und *für sich* seiende Individualität, auseinanderfallen.«[6]

Machen wir Ernst mit diesem Wort, dann erkennen wir den Rückgang auf das Erlebnis als blossen Umweg, als künstliche Teilung eines Ganzen, das eben die Welt des Dichters ist.

Darauf kommen wir immer wieder zurück, auf die Welt des Dichters, die im Wort vernehmlich wird, das heisst, wir kommen immer wieder zum Werk, das uns allein als unmittelbarer Gegenstand gegeben ist. Und so mag und soll der Literarhistoriker manches unternehmen, andern Wissenschaften dienen und von andern zehren – beides bringt dem Ganzen Gewinn –; er mag Kulturgemälde entwerfen oder Lebensgeschichten erzählen: im eigenen Hause schaltet er und den Auftrag, der an ihn besonders ergangen ist, führt er aus, wenn er die, Sprache gewordenen, Welten der Dichter wissenschaftlich beschreibt. Dann untersucht er die Dichtung selbst, nicht etwas, das dahinter liegt. Dann will er begreifen, was ihn ergreift, nicht was ihm erst sichtbar wird, sobald das Dichterische verblasst. Dann rückt er in die Mitte des Blickfelds nicht die unfreie »Literatur«, sondern die Leistung des Genies, das eine neue Welt erschliesst.

Aber nun, was heisst beschreiben? Heisst das über Dichtung dichten? So sinnlos, wie man gern erklärt, ist Dichtung über Dichtung nicht. Den Gesprächen, Reden und Aufsätzen Hugo von Hofmannsthals verdanken wir manche tiefere Einsicht; die Unterhaltung über Shakespeare in ›Wilhelm Meisters Lehrjahren‹ ist ein Brunnen, strömend von Erkenntnis. Allein, wir reden hier von Wissenschaft; und wissenschaftliche Beschreibung soll kein Dich-

[6] Phänomenologie des Geistes, Jub. Ausg. Stuttg. 1927, S. 239.

ten sein, sondern dadurch sich auszeichnen, dass sie, was zu sagen ist, auf eine begriffliche Einheit bringt.

Im Bestreben, eine solche begriffliche Einheit zustandezubringen, verzichtet die Literaturgeschichte nicht selten auf das Dichterische und sucht als Ideengeschichte die »Weltanschauung« aus der Unschärfe poetischer Sprache herauszuarbeiten. Das heisst, sie opfert ihrer Wissenschaftlichkeit die ausgedehntesten Bezirke ihres Reichs und schwenkt auf Seitenpfade ab. Für den Literarhistoriker muss das Rhythmische, der Satzbau, Reim, Klangfarbe, Wahl der Worte ebenso viel bedeuten wie die Kantische Idee in Schillers philosophischer Lyrik oder Lessings Spinozismus.

> »In einem kühlen Grunde,
> Da geht ein Mühlenrad,
> Die Liebste ist verschwunden,
> Die dort gewohnet hat –«,

diese schlichten Zeilen müssen genau so Gegenstand werden können wie Hölderlins ›Rhein‹ oder Goethes ›Faust‹. Wer sie nicht ebenso wissenschaftlich zu fassen und auszulegen vermag, ist dem verhängnisvollen, weitverbreiteten Irrtum unterworfen, das Dichterische könne und müsse abgeleitet werden aus der »Idee«, die »Idee« sei schliesslich doch der tiefste Quellgrund eines Kunstwerks. Als ob sich das Verhältnis nicht mindestens ebenso oft umkehren und – wie offenbar in Goethes Klassik – Ideelles aus rein formalen Elementen deuten liesse.[7]

Die Stilgeschichte, die Typologie weiss diesen Umweg zu vermeiden. Von allen Möglichkeiten literarischer Forschung ist sie die am meisten autonome und dem Dichterischen am meisten treu. Freilich ist es ihr bis heute nicht gelungen, Begriffe zu finden, die so rein dem Wesen des dichterischen Werks entnommen und angemessen wären wie etwa Wölfflins Grundbegriffe dem Wesen der bildenden Kunst. Schon der erste und gewaltigste Versuch, den Schiller in dem Aufsatz ›Über naive und sentimentalische Dichtung‹ unternommen, gewinnt die Kategorien aus einer spekulativen Metaphysik und überträgt sie auf die Dichtung. Dem liesse sich vielleicht begegnen. Doch eine andere Gefahr dürfte unentrinnbar sein. Die begriffliche Einheit, die eine Typologie als solche

---

[7] Ernst Howald: Probleme des Neuhumanismus, Rektoratsrede, Zürich 1938.

erreichen kann, wird allzu teuer mit einem Verwischen feinerer Unterschiede bezahlt. Unter »Vollendung und Unendlichkeit«, »dionysisch und apollinisch« lässt sich manches unterbringen. Doch je breiter das Feld ist, das ins Okular tritt, desto schwächer wird das Einzelne belichtet. Wenn der Forscher es dennoch sieht, mag er zwar davon erzählen; aber er bringt es nicht in den Zusammenhang seiner Begrifflichkeit.

Aus diesen Gründen haben wir uns entschlossen, mit aller Behutsamkeit das einzelne Kunstwerk zu beschreiben. Eine wissenschaftliche Beschreibung nennen wir Auslegung. Wir legen also Dichtungen aus. Und um den Kreis so eng wie möglich zu ziehen, wählen wir Gedichte. In diesem Buch setzen wir uns nicht weniger und nicht mehr zum Ziel, als drei Gedichte zu verstehn in ihrem Zauber und ihrem Sinn.

Wie werden wir dabei verfahren? Wir wollen uns besinnen auf den Meister der hermeneutischen Kunst, Schleiermacher, dessen Verfahren Dilthey so beschrieben hat:

»Er begann mit einer Übersicht der Gliederung, welche einer flüchtigen Lesung zu vergleichen war, tastend umfasste er den ganzen Zusammenhang, beleuchtete die Schwierigkeiten, bei allen einen Einblick in die Komposition gewährenden Stellen hielt er überlegend inne. Dann erst begann die eigentliche Interpretation.«[8]

Das bezieht sich auf Schleiermachers Einleitung zu Platons ›Staat‹. Bei Gedichten kommen wir mit diesem Geschäft wohl leichter zu Rand. Doch wesentlich bleibt auch da das »tastende Umfassen des ganzen Zusammenhangs«, das der Auslegung vorangehn soll. Denn damit wird der Horizont eröffnet, innerhalb dessen das Einzelne erst verstanden werden kann. Dann füllt die Auslegung den erschlossenen Horizont allmählich aus.

Je kleiner indes die Dichtung ist, desto weniger beleuchten sich ihre einzelnen Teile selbst. Sobald wir nicht mehr weiter wissen, suchen wir aus andern Werken des Dichters, vielleicht aus seiner ganzen Epoche Aufschluss zu gewinnen. Das heisst, wir versuchen auch hier, das Einzelne aus dem Ganzen zu verstehen, um hernach das Ganze wieder aus dem Einzelnen zu klären.

Bewegen wir uns da nicht im Zirkel? Gewiss, in dem hermeneutischen Zirkel, den Dilthey in dem Aufsatz über die Hermeneutik gleichfalls erwähnt:

---

[8] Ges. Schriften, V, 330.

»Aus den einzelnen Worten und deren Verbindungen soll das Ganze eines Werks verstanden werden, und doch setzt das volle Verständnis des einzelnen schon das des Ganzen voraus. Dieser Zirkel wiederholt sich in dem Verhältnis des einzelnen Werkes zu Geistesart und Entwicklung seines Urhebers, und er kehrt ebenso zurück im Verhältnis dieses Einzelwerks zu seiner Literaturgattung.«[9]

Wenn aber Dilthey den Zirkel noch mit einem Achselzucken hinnimmt, begreift ihn Martin Heidegger als den »Ausdruck der existentialen Vorstruktur des Daseins selbst« und wagt es deshalb, zu erklären:

»Der Zirkel darf nicht zu einem vitiosum und sei es auch zu einem geduldeten herabgezogen werden. In ihm verbirgt sich eine positive Möglichkeit ursprünglichen Erkennens, die freilich in echter Weise nur dann ergriffen ist, wenn die Auslegung verstanden hat, dass ihre erste, ständige und letzte Aufgabe bleibt, sich jeweils Vorhabe, Vorsicht und Vorgriff nicht durch Einfälle und Volksbegriffe vorgehen zu lassen, sondern in deren Ausarbeitung aus den Sachen selbst her das wissenschaftliche Thema zu sichern.«[10]

»Aus den Sachen selbst!« So gehen auch wir an die Untersuchung heran, ohne uns vorher darum zu kümmern, wohin der Weg uns führen wird. Nur darauf wollen wir bedacht sein, bis der wissenschaftliche Boden einigermassen gesichert ist, genau den Weg einzuhalten, den das Erfassen und Verstehen eines Gedichts tatsächlich nimmt.

Zu grossem Dank fühlen wir uns hier der Textkritik verpflichtet, die das Werk des Dichters in zuverlässigster Reinlichkeit vorlegt. In einer Auslegung, die dem Geringsten Beachtung schenkt, findet sie ihre Arbeit vielleicht belohnt.

Dagegen erwarten wir den Einwand, es sei gar keine Literaturgeschichte mehr, was hier geboten werde, sondern bestenfalls eine Phänomenologie der Literatur. Schliesslich kümmert uns aber der Name des Kindes nicht so sehr; wir wollen zufrieden sein, wenn es gesund ist. Immerhin sind wir überzeugt, dass gerade die Literaturgeschichte, als die Lehre von den grösseren Zusammenhängen, am meisten durch vertiefte Einsicht in das Einzelne gewinne. Und

---

[9] Ges. Schriften, V, 330.
[10] Sein und Zeit, Halle a. d. S. 1927, S. 153.

wir meinen ferner, dass sie einer Erneuerung heute sehr bedürfe, dass sie in dem, was sie bisher getan, gesättigt sei, und, um zu dauern, gleichsam von vorn beginnen und in neuer Treue und Strenge darauf dringen müsse,

> »dass gepfleget werde
> Der veste Buchstab und Bestehendes gut
> Gedeutet.«

[Deutschwissenschaft im Kriegseinsatz]

[1940]

Eine *Kriegseinsatztagung deutscher Hochschulgermanisten* hat in Weimar vom 5. bis 7. Juli stattgefunden. Die Veranstaltung ging aus von dem Plan des Reichswissenschaftsministeriums, die Geisteswissenschaften zum Kriegseinsatz durch bestimmte zusammenfassende Veröffentlichungen anzuregen. Eröffnet wurde die Tagung durch einen Vortrag des Rektors der Universität Kiel, Prof. Dr. Ritterbusch; etwa dreißig Hochschulgermanisten nahmen teil. Geplant ist ein Sammelband mit einer größeren Anzahl von Beiträgen über das Thema: Deutsches Wesen im Spiegel deutscher Dichtung. Die Organisation der Arbeit liegt in den Händen von Prof. Franz Koch und Prof. Gerhard Fricke. Als Ältester unter den Teilnehmern war erschienen Geheimrat Friedrich Panzer.

[...]

Deutsches Wesen in deutscher Sprache und Dichtung. Vor der gewaltigen Aufgabe, dem Aufbau eines neuen Europa auch eine geistige Ordnung einzuflößen, erhebt sich für die Geisteswissenschaften unter dem Gebot der Stunde das Problem einer neuen geistig-kulturellen Auseinandersetzung des deutschen mit dem fremden Geist. Der Deutschwissenschaft fällt dabei im besonderen die Schlüsselstellung zu, einer kritischen Erfassung der westeuropäischen Zivilisation durch die Anglistik und Romanistik Herkunft, Wesen und Ziel des deutschen Kulturwillens mit gesammelten Kräften nach fester Planung gegenüberzustellen. Dies war der Sinn der Weimarer Tagung, über die wir im Septemberheft kurz berichteten. Die beiden Gelehrten, in deren Händen die Leitung liegt, Prof. Franz Koch (Berlin) und Prof. Gerhard Fricke (Kiel) haben sich unterdessen näher darüber ausgesprochen.

Da Philosophen, Historiker, Juristen und Völkerrechtler in glei-

cher Richtung arbeiten, kann sich die Germanistik auf ihr eigent-
lichstes Feld, die Sprache und Dichtung beschränken, und somit
lautet ihr Thema: Deutsches Wesen in deutscher Sprache und Dichtung. Es handelt sich auf dem Boden politischen Gestaltungswillens
und bodenfester rassisch-völkischer Bewußtheit aufs neue um die
alte Frage der Selbsterkenntnis im eigensten Wesenskern, um ein
neubewußt werdendes Forschungsziel, »dem gehaltvollsten und er-
tragreichsten Erze, das es gibt, unserer Sprache und Dichtung, dieser Selbstoffenbarung der deutschen Seele, das reine Gold ihres
Wesens abzugewinnen«, eine solche Synthese von den verschiedensten Blickpunkten aus zu versuchen und diese um den wesentlichen
Mittelpunkt zu sammeln: die Sprachgeschichte seit der Frühzeit als
grundlegender Ausdruck der volklichen Einheit; der Stil der deutschen Sprache und Rede bei den großen Geistesschöpfern, die Spiegelung der geistigen Strömungen in den Spannungskräften der
deutschen Seele, das wesensmäßig Deutsche in den inneren Form-
gesetzen deutscher Dichtungsgattungen, in allem die tatsächliche
Einheit der deutschen Dichtung als Beweis für die Einheit des Wesens, der rassischen Substanz in aller Mannigfaltigkeit. Die Weimarer Vorträge von Otto Höfler über das Einheitsbewußtsein der
Germanen und von Franz Koch über deutsche Dichtung als
Kampffeld deutschen Glaubens deuteten die Richtung über Art
und Aufgabe der Beiträge an, deren Haltung in zwanglosen Aus-
sprachen gefördert wurde. Das Gesamtwerk soll auf dem Grund
wissenschaftlich gesicherter Tatsachen auch außerwissenschaft-
lichen Kreisen gefühls- und erlebnisnah zugänglich sein, getragen
vom kulturellen und politischen Ethos des Nationalsozialismus. Es
richtet zugleich auch den Blick auf das Ausland, dem darin deutlich wird, wie sich das neue Deutschland mit seiner eigenen kulturellen Vergangenheit auseinandersetzt und welcher Wandel sich
im Gebiet wissenschaftlicher Problemstellungen vollzogen hat. Der
Umfang des Ganzen im Rahmen der von der Forschungsgemein-
schaft angesetzten Sachgebiete wird mit drei Bänden angenommen.
Für Beginn 1941 ist eine zweite Tagung angesetzt, in der die
Einzelergebnisse überblickt und zu einem Ganzen vereint werden
sollen.

Preisausschreiben der Deutschen Akademie: »Bildung und Sprache der deutschen Heerführer in der Zeit der Freiheitskriege«. Die
großen Heerführer haben ihre Bildung und die Kraft und Größe

ihrer Sprache vorzugsweise aus den Werken von Goethe und Schiller geschöpft, und Goethe hat die Leistungen der Heerführer mit der lebendigsten Anteilnahme verfolgt und bewundert. Viel verdanken unsre Sprache und Bildung diesem einzigartigen Bunde. Auch die Gegenwart kann aus diesen Quellen lebendige und wesentliche Erkenntnis schöpfen. Wortschatz, Satzfügung, Ausdrucksweise usw. in den Schriften und Briefen der Heerführer sind zu untersuchen und darzustellen; ebenso ihre dichterischen Versuche. Soldatische Erfahrungen und Kenntnisse werden vorausgesetzt. Auf die große Arbeit von Erich Weniger im letzten Jahrbuch des Freien Deutschen Hochstifts wird besonders hingewiesen. Drei Preise zu 2000, 1000 und 500 Reichsmark. Ablieferungsfrist 1. Oktober 1942.

PAUL KLUCKHOHN

Nachruf
[auf Julius Petersen und Rudolf Unger]

[1942]

Die Deutsche Vierteljahrsschrift betrauert den Verlust zweier Mitarbeiter, die zu den führenden Persönlichkeiten der deutschen Literaturwissenschaft gehörten.

Am 22. August des letzten Jahres wurde *Julius Petersen* durch einen Schlaganfall aus einem Leben abberufen, das an Erfolgen und Ehren reich und von treuer Arbeit erfüllt war. Als Schüler und Nachfolger Erich Schmidts in Berlin hat er die philologische Tradition unserer Wissenschaft verantwortungsbewußt gepflegt und ausgebaut, was ihn zu großen editorischen Aufgaben wie der Lessing-Ausgabe u. a., zuletzt zu der Leitung der Schiller-Nationalausgabe befähigte; aber auch anderen neueren Methoden und Zielsetzungen war er aufgeschlossen und um Versöhnung und Zusammenwirken der verschiedenen Richtungen bemüht, wie seine Forschungsübersicht ›Die Wesensbestimmung der deutschen Romantik‹ (1926) und seine große, die Ernte seines Lebens darstellende Methodenlehre ›Die Wissenschaft von der Dichtung‹ (I, 1939) erweisen und auch die große Zahl wertvoller Arbeiten aus seiner Schule. Seine eigenen Forschungen umspannen das weite Gebiet von der spätmittelalterlichen Dichtung bis zu Theodor Fontane und Hermann Stehr, und auch die Theaterwissenschaft dankt ihm wertvolle Arbeiten und Editionen. Am meisten aber lag ihm die deutsche Klassik am Herzen, deren Verständnis er durch zahlreiche Arbeiten gefördert hat und der er eine große Darstellung widmen wollte. In der Deutschen Kommission der Berliner Akademie und in der Leitung der Deutschen Literaturzeitung sowie als langjähriger Präsident der Goethe-Gesellschaft hat er seine großen organisatorischen Gaben und seine gewinnende und gütige menschliche Persönlichkeit voll sich auswirken lassen können. Die Deutsche Vierteljahrsschrift durfte mehrere Aufsätze aus seinen Goethe-Studien veröffentlichen (in Band I und XIV) und den programmatischen Vortrag ›Nationale oder vergleichende Literaturgeschichte?‹ (Band VI), der eine geistesgeschichtliche Zielsetzung auch auf dem Gebiet der vergleichenden Literaturwissenschaft forderte, zu deren wenigen Vertretern in Deutschland Petersen gehört hat.

Jäh und zu früh ist auch *Rudolf Unger* von uns gegangen. Am 2. Februar d. J. hat ihn auf seinem Göttinger Katheder ein Schlaganfall gefällt, für einen Professor ein Tod, der dem Soldatentod in der Schlacht verglichen werden kann. Die Schrift, mit der Unger sich 1905 in München habilitiert hat, wo auch Petersens akademische Laufbahn begann, ›Hamanns Sprachtheorie‹, stellte den Beginn tiefschürfender und weitgreifender Haman-Studien dar, die 6 Jahre später mit dem großen zweibändigen Werk ›Haman und die Aufklärung‹ gekrönt wurden. Der »Magus des Nordens«, dieser schöpferische und so stark wirkende Denker und so schwer ringende echt religiöse Mensch, wird hier aus tiefem einfühlendem Nacherleben, sowohl der Persönlichkeit wie der Probleme, charakterisiert und seine Gedankenwelt wird hier zum ersten Male in ihrer ganzen Tiefe und Weite und in ihrer Bedingtheit in der Persönlichkeit und in seiner Zeit dargestellt, und es wird zugleich ein Bild von den religiösen, philosophischen und literarischen Bewegungen des 18. Jahrhunderts in ihrer Verflochtenheit und in ihren Gegensätzen gegeben, das bis heute die beste und tiefste Darstellung des deutschen Geisteslebens der vorklassischen Zeit, nicht nur auf literarischem Gebiet, ist. Was Unger in der Einleitung als sein »hohes und fernes Ideal« bezeichnet: »die harmonische Verschmelzung philologisch-historischer Gründlichkeit und

Strenge mit selbständiger sachlicher Durchdringung der philosophischen und religiösen Probleme vom Standpunkte einer festgegründeten und gedanklich durchgebildeten Weltansicht« – er hat es in diesem Werke erreicht, daß Analyse und Synthese fruchtbar vereinigt und von einem Ethos erfüllt ist, dem Wissenschaft und Leben in einem tiefen Sinne eins geworden sind.

Durch das Erscheinen von Ungers ›Haman‹ hat das Jahr 1911 in der Wissenschaftsgeschichte besondere Bedeutung erhalten. Es kam damit eine neue Richtung der Literaturwissenschaft, ja der Geisteswissenschaften überhaupt zum Durchbruch, die geistesgeschichtliche. Unger selbst hat dieser theoretisch vorgearbeitet in dem Vortrag ›Philosophische Probleme in der neueren Literaturwissenschaft‹ (1908), der neben den philologischen Aufgaben die geistesgeschichtlichen, kulturphilosophischen, psychologischen und ästhetischen als gleichberechtigte und notwendige herausstellte, was ihm damals noch sehr verdacht worden ist. Der hier auch gegebene Rückblick auf die Geschichte der Literaturwissenschaft ist von Unger weiter ausgebaut worden in dem Aufsatz ›Vom Werden und Wesen der neueren deutschen Literaturwissenschaft‹ (1914), dem später Aufsätze über Wilhelm Dilthey, Victor Hehn, Hermann Hettner und Gervinus folgten, wichtige Vorarbeiten für die noch nicht geschriebene Geschichte der deutschen Literaturgeschichtsschreibung im 19. Jahrhundert. Die grundsätzliche Erörterung wurde in dem Aufsatz ›Zur Entwicklung des Problems der historischen Objektivität bis Hegel (Deutsche Vierteljahrsschrift I), in dem Vortrag ›Literaturgeschichte und Geistesgeschichte‹ (ebd. Bd. III) und in der Schrift ›Literaturgeschichte als Problemgeschichte‹ (1924) weitergeführt. Diese und andere Aufsätze Ungers sind in den beiden Bänden ›Gesammelte Studien, I. Aufsätze zur Prinzipienlehre der Literaturgeschichte, II. Aufsätze zur Literatur- und Geistesgeschichte‹ 1929 gesammelt worden. Für die Behandlung der Literaturgeschichte als Problemgeschichte hat Unger selbst ein wertvolles Beispiel gegeben in der Untersuchung des Todesproblems bei ›Herder, Novalis und Kleist‹ (1922). Hier wird in der Stellung dieser Dichter zu dem Problem des Todes zugleich eine immanente Entwicklung aufgezeigt. Die Entfaltung der Lebensprobleme in der Poesie vollzieht sich – so sagt Unger programmatisch – »nach eigentümlichem innerem Gesetz, nach einer besonderen Dialektik, die in der Natur des Lebens selbst und in der Wechselbeziehung von Leben und Dichtung begründet ist«. Ausdrücklich betont Unger aber, daß seine Forderung nach Literaturgeschichte als Problemgeschichte nur eine Seite oder Aufgabe darstelle, die mit den anderen Aufgaben der Literaturwissenschaft in organischer Wechselwirkung sich entfalten müsse. Wie er auch diesen anderen Aufgaben gerecht zu werden wußte, das haben kleinere Arbeiten und seine akademischen Vorlesungen und Übungen gezeigt und die zwar nicht sehr zahlreichen, aber weit überdurchschnittlichen Arbeiten aus seiner Schule.

Der Deutschen Vierteljahrsschrift war der Vorkämpfer einer geistesgeschichtlichen Literaturforschung seit ihrer Gründung oder vielmehr schon seit einer ersten Besprechung dieses Planes im Jahre 1914 eng verbunden. Sie durfte schon in ihrem ersten Heft einen wertvollen obengenannten Aufsatz aus seiner Feder bringen, dem im Laufe der Jahre noch mehrere folgten (Bd. II, IV, XI), und auch der aufopferungsvollen, für die Wissenschaft aber so fruchtbaren Mühe eines großen Literaturberichtes hat Unger sich für sie unterzogen (Bd. II, IV, VI). Selbstverständlich war er einer der ersten, die in den Mitherausgeberkreis eintraten, um den Schriftleitern beratend zur Seite zu stehen. Diese werden seiner immer in unauslöschlicher Dankbarkeit gedenken.

Der Titel von Ungers Referat ›Vom Sturm und Drang zur Romantik‹ war auch Untertitel seines Buches über das Todesproblem, während das Haman-Werk den Untertitel trug: ›Studien zur Vorgeschichte des romantischen Geistes im 18. Jahrhundert‹. Und im Grunde waren die meisten seiner Arbeiten Vorstudien zu einem großen Werk über Haman, Herder und die Romantik oder über die Entwicklung vom Sturm und Drang zur Romantik. Daß Rudolf Unger dieses Werk nicht mehr hat vollenden dürfen und auch Julius Petersen seine Methodenlehre als Torso hinterlassen und die Darstellung der Klassik nicht mehr ausgeführt hat, das macht den plötzlichen Abbruch dieser beiden Gelehrtenleben für die deutsche Wissenschaft ganz besonders schmerzlich.

Hinweise

Die Texte entsprechen den jeweiligen Vorlagen. Vereinheitlichungen sind in folgenden Punkten vorgenommen worden:

Umlaute werden der heutigen Schreibweise angeglichen.

Die Fußnotenzählung erfolgt je Text fortlaufend.

Werktitel sind einheitlich gekennzeichnet durch ›...‹.

Alle Hervorhebungen im Originaltext (Kursivierung, Sperrung, Halbfett) erscheinen im Kursivdruck.

Im Quellenverzeichnis steht E für den Erstdruck, V kennzeichnet die Druckvorlage. E wird nur angegeben, wenn er von V abweicht.

Für die Erteilung der Druckerlaubnis dankt der Herausgeber den Inhabern der Urheberrechte herzlich.

Eine Einleitung zu beiden Bänden der vorliegenden ›Ideologiegeschichte der deutschen Literaturwissenschaft‹ befindet sich in Band 1.

FRITZ STRICH: Deutsche Klassik und Romantik oder Vollendung und Unendlichkeit

Grundbegriffe

V: Fritz Strich, Deutsche Klassik und Romantik oder Vollendung und Unendlichkeit. 1.–3. Aufl. München: C. H. Beck 1922. S. 5–12.

* 13. 12. 1882 Königsberg, 1910 Priv.-Doz. München, 1915 a. o. Prof. München, 1929 o. Prof. Bern, 1953 emeritiert, † 15. 8. 1963 Bern. – Schüler Franz Munckers, Mitglied d. Goethe-Akad. Sao Paulo/Brasilien, Dte. Akad. f. Sprache und Dichtung Darmstadt.

GUSTAV ROETHE: Wege der deutschen Philologie

E: Gustav Roethe, Wege der deutschen Philologie. Rede zum Antritt des Rektorats der Friedrich-Wilhelms-Universität zu Berlin am 15. Oktober 1923. Berlin 1923.

V: Gustav Roethe, Deutsche Reden. Hrsg. von Julius Petersen. Leipzig: Quelle und Meyer o. J. (1927). S. 439–456.

* 5. 5. 1859 Graudenz, 1886 Habilitation Göttingen, 1888 a. o. Prof. Göttingen, 1890 o. Prof. Göttingen, 1902 Berlin, † 17. 9. 1926 Bad Gastein. – Schüler Scherers, seit 1904 ständ. Sekretär d. Preuß. Akad. d. Wiss., Mitglied d. Göttinger Ges. d. Wiss., d. Münchner und Wiener Akad., Ehrenmitglied d. Finn. Soc., seit 1921 Erster Vorsitzender der Goethe-Gesellschaft.

JULIUS PETERSEN: Literaturwissenschaft und Deutschkunde

V: Julius Petersen, Literaturwissenschaft und Deutschkunde. Ansprache bei der Festsitzung der Gesellschaft für deutsche Bildung in der alten Aula der Universität Berlin am 30. September 1924. In: Zeitschrift für Deutschkunde 1924 (= Zeitschrift für den deutschen Unterricht 38). S. 403–415.

* 5. 11. 1878 Straßburg, 1909 Priv.-Doz. München, 1911 a. o. Prof. München, 1912 o. Prof. Yale-Univ. New Haven, 1913 Basel, 1915 Frankfurt a. M., 1920 Berlin, † 22. 8. 1941 Murnau. – Schüler von Erich Schmidt, Mitgl. d. Preuß., Bayer. und Ungar. Akad. d. Wiss., Senator d. Preuß. Akad. d. Künste, Präs. d. Goethe-Gesellschaft.

EMIL ERMATINGER: Die deutsche Literaturwissenschaft in der geistigen Bewegung der Gegenwart

E: Emil Ermatinger, Die deutsche Literaturwissenschaft in der geistigen Bewegung der Gegenwart. In: Zeitschrift für Deutschkunde 1925 (= Zeitschrift für den deutschen Unterricht 39). S. 241–261.

V: Emil Ermatinger, Krisen und Probleme der neueren deutschen Dichtung. Aufsätze und Reden. Zürich/Leipzig/Wien: Amalthea 1928. S. 7–30.

* 21. 5. 1873 Schaffhausen, 1909–1943 Prof. TH Zürich, 1912 zugel. a. o. Prof. Univ. Zürich, 1921 o. Prof. Univ. Zürich, 1939 Gast-Prof. Columbia-Univ. New York, 1943 emeritiert, † 17. 9. 1953 Zürich.

Reallexikon der deutschen Literaturgeschichte

Paul Merker / Wolfgang Stammler
Vorwort der ersten Auflage

V: Reallexikon der deutschen Literaturgeschichte. Unter Mitwirkung zahlreicher Fachgelehrter hrsg. von Paul Merker und Wolfgang Stammler. Band I. Berlin: de Gruyter 1925/1926. S. V–VI.

Paul Merker: * 24. 4. 1881 Dresden, 1909 Priv.-Doz. Leipzig, 1917 a. o. Prof. Leipzig, 1921 o. Prof. Greifswald, 1928 Breslau, † 25. 2. 1945 Stolzen bei Dresden.

Wolfgang Stammler: * 5. 10. 1886 Halle, 1914 Priv.-Doz. TH Hannover, 1918 Prof. Dorpat, 1924–1936 o. Prof. Greifswald, 1951 o. Prof. Fribourg, 1957 emeritiert, † 3. 8. 1965 Hoesbach/Spessart.

RUDOLF UNGER: Literaturgeschichte und Geistesgeschichte
[*Thesen*]

E: Rudolf Unger, Literaturgeschichte und Geistesgeschichte. Vortrag, gehalten in der Abteilung für Germanistik der 55. Versammlung deutscher Philologen und Schulmänner. In: Deutsche Vierteljahrsschrift für Literaturwissenschaft und Geistesgeschichte IV, 1926, S. 177–192.

V: Rudolf Unger, Gesammelte Studien. 1. Band: Aufsätze zur Prinzipienlehre der Literaturgeschichte. Darmstadt 1966. S. 212–225.

* 8. 5. 1876 Hildburghausen, 1905 Priv.-Doz. München, 1911 a. o. Prof. München, 1915 o. Prof. Basel, 1917 Halle, 1920 Zürich, 1921 Königsberg, 1924 Breslau, 1925 Göttingen, † 2. 2. 1942.

HERMANN AUGUST KORFF: Das Wesen der klassischen Form

V: Hermann August Korff, Das Wesen der klassischen Form. In: Zeitschrift für Deutschkunde 1926 (= Zeitschrift für den deutschen Unterricht 40). S. 9–21.

* 3. 4. 1882 Bremen, 1913 Priv.-Doz. Frankfurt a. M., 1921 a. o. Prof. Frankfurt a. M., 1923 o. Prof. Gießen, 1925 Leipzig, 1952 emeritiert, † 11. 7. 1963 Leipzig. – Hindenburg-Medaille f. Kunst u. Wiss., Sächs. Akad. Wiss.

OSKAR WALZEL: Das Wortkunstwerk

Mittel seiner Erforschung. Vorwort

V: Oskar Walzel, Das Wortkunstwerk. Mittel seiner Erforschung. Leipzig: Quelle und Meyer 1926. S. VII–XIV.

* 28. 10. 1864 Wien, 1894 Priv.-Doz. Wien, 1897 o. Prof. Bern, 1907 TH Dresden, 1921 Bonn, 1933 emeritiert, † 29. 12. 1944 Bonn. – Schüler Jakob Minors und Erich Schmidts.

WALTER BENJAMIN: Literaturgeschichte und Literaturwissenschaft

E: Walter Benjamin, Literaturgeschichte und Literaturwissenschaft. In: Literarische Welt. 17. 4. 1931.

V: Walter Benjamin, Angelus Novus. Ausgewählte Schriften 2. Frankfurt: Suhrkamp 1966. S. 450–456.

* 15. 7. 1892 Berlin, 1925 »Ursprung des deutschen Trauerspiels« (ersch. 1928) als Habilitationsschrift von der Universität Frankfurt a. M. abgelehnt, 1933 Emigration (Frankreich), 1935 Mitglied des »Instituts für Sozialforschung« Paris, † 27. 9. 1940 Freitod.

LEO LÖWENTHAL: Zur gesellschaftlichen Lage der Literatur

V: Leo Löwenthal, Zur geschichtlichen Lage der Literatur. In: Zeitschrift für Sozialforschung 1, 1932. S. 85–102.

* 3. 11. 1900 Frankfurt a. M., 1933 Emigration (Genf, 1934 USA), seit 1956 Prof. für Soziologie, University of California, Berkeley.

HERMANN AUGUST KORFF: Die Forderung des Tages

V: Hermann August Korff, Die Forderung des Tages. In: Zeitschrift für Deutschkunde 1933 (= Zeitschrift für den deutschen Unterricht 47). S. 341–345.

Biographische Daten: s. o.

KARL VIETOR:

Die Wissenschaft vom deutschen Menschen in dieser Zeit

V: Karl Viëtor, Die Wissenschaft vom deutschen Menschen in dieser Zeit. In: Zeitschrift für deutsche Bildung 9, 1933. S. 342–348.

* 29. 11. 1892 Wattenscheid, 1922 Priv.-Doz. Frankfurt a. M., 1925 o. Prof. Gießen, 1936 Emigration (USA), 1937 Kuno Francke Prof. of German Art a. Culture Harvard Univ. Cambridge Mass., † 7. 6. 1951 Boston/ USA.

JULIUS PETERSEN / HERMANN PONGS: An unsere Leser!

V: Julius Petersen / Hermann Pongs, An unsere Leser! In: Dichtung und Volkstum. Neue Folge des Euphorion. Zeitschrift für Literaturgeschichte. [Die Namensänderung der Zeitschrift mußte aus juristischen

Gründen erfolgen. H. Pongs.] Begründet von August Sauer, unter Mitwirkung von Ernst Bertram, Konrad Burdach, Eugen Kühnemann, John Meier, Josef Nadler, Hans Naumann, Friedrich Panzer und Oskar Walzel herausgegeben von Julius Petersen und Hermann Pongs. Band 35, 1934. S. III–IV.

Julius Petersen: Biographische Daten s. o.
Hermann Pongs: * 23. 3. 1889 Odenkirchen/Rheinland, 1922 Priv.-Doz. Marburg/Lahn, 1927 a. o. Prof. Marburg, 1929 o. Prof. TH Stuttgart, 1954 emeritiert.

HERMANN PONGS: Krieg als Volksschicksal im deutschen Schrifttum

V: Hermann Pongs, Krieg als Volksschicksal im deutschen Schrifttum. In: Dichtung und Volkstum (Neue Folge des Euphorion) 35, 1934. S. 40 –86 u. S. 182—219.

Biographische Daten: s. o.

THEO HERRLE:
Der Deutschunterricht im Spiegel der Zeitschrift für Deutschkunde
50 Jahre Zeitschrift für den deutschen Unterricht

V: Theo Herrle, Der Deutschunterricht im Spiegel der Zeitschrift für Deutschkunde. 50 Jahre Zeitschrift für den deutschen Unterricht. In: Zeitschrift für Deutschkunde 1937 (= Zeitschrift für den deutschen Unterricht 51). S. 629–647 und S. 686–704.

* 25. 10. 1888 Leipzig, Oberstudiendirektor a. D. Wolfsburg.

EMIL STAIGER:
Von der Aufgabe und den Gegenständen der Literaturwissenschaft

E: Emil Staiger, Die Zeit als Einbildungskraft des Dichters. Untersuchungen zu Gedichten von Brentano, Goethe und Keller. Zürich: Atlantis 1939. S. 9–19.

V: ebda. 2. Auflage 1953, S. 9–19.

* 8. 2. 1908 Kreuzlingen/Schweiz, 1934 Priv.-Doz. Zürich, 1943 o. Prof. Zürich. – Dte. Akad. f. Sprache u. Dichtung, Goethe-Akad. Sao Paulo, Vetenshaps-Soc. Lund, Hon. member Mod. Lang. Assoc. o. Amer.

V: Zeitschrift für Deutsche Bildung. Hrsg. in Verbindung mit der Reichs-
verwaltung des NS-Lehrerbundes, Reichssachgebiet Deutsch von Dr.
Karl Hunger, Reichssachbearbeiter. 16, 1940. S. 252 u. S. 299/300.

Paul Kluckhohn: Nachruf
(auf Julius Petersen und Rudolf Unger)

V: Paul Kluckhohn, Nachruf. In: Deutsche Vierteljahrsschrift für Literaturwissenschaft und Geistesgeschichte 20, 1942. S. 129–132.

* 10. 4. 1886 Göttingen, 1913 Priv.-Doz. Münster, 1920 a. o. Prof. Münster, 1925 o. Prof. TH Danzig, 1927 Wien, 1931 Tübingen, † 20. 5. 1957
Tübingen. – 1923 mit Erich Rothacker Gründung der Zeitschrift ›Deutsche Vierteljahrsschrift für Literaturwissenschaft und Geistesgeschichte‹,
Korr. Mitgl. d. Akad. Wiss. Wien.

Nachsatz. Texte aus der Zeit des Dritten Reichs in eine wissenschaftsge-
schichtliche Anthologie aufzunehmen, scheint heute, da aus zunehmender
historischer Distanz die Aufarbeitung der Vergangenheit in vollem
Gange ist, kaum problematisch. Der Herausgeber mußte sich in seiner
optimistischen Einschätzung des historischen Objektivationsprozesses jedoch eines Besseren belehren lassen. Schwierigkeiten bei der Einholung
von Abdruckgenehmigungen signalisieren, daß hier die Distanz wohl
vielerorts noch nicht groß genug ist. Auch wo es sich um Dokumente von
mehr neutral wissenschaftsgeschichtlichem denn nazistischem Informa-
tionswert handelte, mußte aufgrund komplexer Begründungszusammen-
hänge auf den Druck verzichtet werden. In Band 2 verschieben sich dadurch einige Akzente. Wegen der bereits weit fortgeschrittenen Herstel-
lung (Umbruch) konnte auch kein Ersatz mehr eingefügt werden. Verständnis für die persönlichen Motive, auf die Rücksicht zu nehmen der
Herausgeber sich verpflichtet sieht, verbindet sich mit Bedauern über die
damit verbundene Einschränkung der historischen Wahrheit.

Register*

Die Auswahl der Namen und Sachbegriffe orientiert sich an den Thesen und Arbeitsperspektiven der Einleitung.

Namenregister

Benjamin, W. VIII, IX, XIV, XXXI, XXXVIII; (II) *66–72*.

Bertram, E. (II) 34, 35, 100.

Böckmann, P. XXVI, XXX, XXXIX.

Burdach, K. XIV, XXXVIII; (I) *3–11*; (II) 100, 106, 108.

Cysarz, H. XX, XXIV; (II) 69, 73, 74, 79, 80, 102.

Dilthey, W. XVIII, XIX, XXI, XXII, XXV, XXVII, XXVIII, XXIX, XXXII, XXXIII, XXXVII; (I) *11–30, 55–68*, 121; (II) 14, 15, 26, 27, 30, 59, 74, 76, 94, 123, 131, 132, 137.

Elster, E. XVII; (I) *72–74*.

Ermatinger, E. XXI, XXIII, XXVIII, XXIX, XXX, XXXVIII, XXXIX; (II) *34–39*, 69, 73, 75, 76, 119, 128.

Fichte, J. G. (I) 1, 11; (II) 34, 98, 117.

George-Kreis XXII; (II) 34, 35, 71, 72.

Gervinus, G. G. (I) 21, 22, 26; (II) 13, 14, 24, 25, 26, 67, 137.

Grimm, J. (I) 11, 17, 22, 32, 34, 50, 54; (II) 13, 14, 19, 20, 21, 26, 71.

Grimm, W. XXV; (I) 11; (II) 19, 71.

Gundolf, F. XXIX; (II) 34, 35, 41, 79, 128.

Hegel, G. W. F. (I) 17; (II) 30, 129.

Herder, J. G. v. (I) 1, 3, 11, 25; (II) 23, 32, 93, 94, 99.

Heinzel, R. (I) 113, 114; (II) 67.

Hettner, H. (II) 25, 74, 137.

Hildebrand, R. XV; (II) 104, 105, 106, 108/109, 116.

Hitler, A. XX; (II) 86, 97.

Hofstaetter, W. (II) 106, 107, 112, 113, 117, 121.

Humboldt, W. v. (I) 17, 22; (II) 18, 63, 64, 117.

Kleinberg, A. (II) 69, 83.

Kluckhohn, P. (II) *135–138*.

---

* Das Register umfaßt Band I und II.
Um eine Verwechslung mit der in römischen Ziffern paginierten Einleitung zu vermeiden, werden Hinweise auf Band I und II in Klammern gesetzt: (I), (II).
Kursive Zahlen zeigen an:
– im Namenregister, daß der Genannte der *Verfasser* eines Beitrags ist;
– im Sachregister, daß der bezeichnete Begriff *Gegenstand* eines Beitrags ist.

Koch, F. XX; (II) 133, 134.
Korff, H. A. XIX; (II) 28, *45–59,*
84–88, 113.

Lachmann, K. (I) 14, 23; (II) 9, 11,
14, 19, 20, 21, 23, 49.
Löwenthal, L. XXXI, XXXIV;
(II) *72–84.*
Linden, W. (II) 102, 122.
Lyon, O. (II) 106, 112, 115, 116,
119, 122.

Mahrholz, W. X; (II) 136, 137.
Marx, K. XI; (II) 70.
Mehring, F. XII; (II) 69, 70, 82.
Minor, J. (I) 52, 111.
Müllenhoff, K. (I) 1, 14, 17, 18, 24,
27, 29, 32, 33; (II) 15, 26.
Muschg, W. (II) 69, 72, 77, 78.

Nadler, J. (I) *77–82;* (II) 28, 69,
100, 125, 127.
Nietzsche, F. (II) 34, 77, 86, 123.

Panzer, F. XIV, XV, XVI;
(I) *83–91;* (II) 90, 100, 133.
Petersen, J. XXI, XXII, XIV,
XVIII/XIX; (II) *19–34,* *99–100,*
135, 136.
Pongs, H. XX; (II) *99–100,*
100–104.

Roethe, G. XXI, XXII, XXVII,
XXXIV, XXXV, XXXIX;
(I) 52, *68–71;* (II) *9–19.*

Sauer, A. XVII, XVIII, XXVI;
(I) *45–47,* 77, 78, 80, 82; (II) 99.

Scherer, W. X, XXII, XXIV,
XXVII, XXXVII; (I) *1–3,*
11–30, *30–44,* *47–50,* 52, 118,
119; (II) 12, 13, 25, 26, 33, 67,
68, 74, 123, 128.
Schleiermacher, F. (I) 17, 18, 60,
61, 66; (II) 131.
Schmidt, E. XXII, XXIII; (I) 11,
13, 29, *30–44,* 47, 51, 52, 53,
110–124; (II) 135.
Schücking, L. L. XXXI; (I) *92–110.*
Schultz, F. (I) *50–55;* (II) 80.

Staiger, E. XXXII, XXXIII,
XXXVII; (II) *123–133.*
Strich, F. XXVIII, XXXII;
(II) *1–9,* 75, 82.

Unger, R. XXVIII, XXIX, XXX,
XXXVIII; (II) 28, 41, *42–45,*
136, 137, 138.

Vietor, K. XXIX, XXXIV;
(II) *89–98.*

Walzel, O. XXII, XXIII; (I) 92,
110–124; (II) *59–66,* 100.
Weinhold, K. (I) 54; (II) 15, 18.
Wölfflin, H. (II) 45, 51, 61, 130.
Wolf, F. A. (I) 17, 22.

Sachregister

Analyse (II) 13, 14, 59, 60, 137.
Arbeit XXXV; (I) 30, 79 (= ma-
    terielle A.); (II) 16, 17, 101.
Aristokrat XXII; (I) 36.
Aristokratie XXIII; (I) 96, 97.
aristokratisch XXII; (I) 106.
Auslegung XXXII; (I) 57, 58, 59,
    60, 64, 65, 67, 68; (II) 131, 132.

Bildung XVI; (I) 2, 4, 6, 7, 85, 86,
    88, 119; (II) 70, 71, 91, 101, 105.
- deutsche B. (I) 46; (II) 33, 88,
    90, 91, 99, 118.
Bildungsschicht (I) 95, 96, 97, 99,
    100.

deutsch XI, XVII; (I) 1, 17, 47, 71,
    82, 85, 90, 91; (II) 17, 18, 19, 34,
    37, 88, *89–98*, 92, 104, 106, 109,
    115, 133, 134.
- deutsche Art XX; (I) 91; (II) 16,
    20.
- deutsche Philologie (I) 35, 37,
    47, 48, 86; (II) *9–19*.
Deutschkunde (II) *19–34*, 84, 85,
    86, 87, 88, 90, 108, 121, 122.
Deutschtum (II) 20, 115, 117.
Deutschunterricht XIV, XL; (I) 77,
    (II) *104–122*.
- deutscher Unterricht (I) 8,
    74–76, 82, 83; (II) 120.
Deutschwissenschaft (II) 90, 92, 93,
    95, 97, 133.
Dichter XVII, XVIII, XIX, XXI,
    XXII, XXXIII, XXXVII;
    (I) 58, 101, 104, 105; (II) 39,
    124, 127.

Dichtung XXVI, XXVIII, XXX;
    (II) 12, 24, 31, 32, 62, 68, 74, 75,
    79, 81, 127, 129, 133, 134.

Erziehung, deutsche XIV; (I) *3–11*,
    85; (II) 109.
erleben (II) 35, 79.
Erlebnis (II) 15, 128.
Erlebnisdichtung (II) 53.

Form (II) 1, 12, 21, 22, *45–59*, 60,
    61, 62, 84, 86, 91, 92.
forschen (I) 53; (II) 85.
Forscher XXII, XXIII, XIX;
    (II) 12, 36, 38, 88.
Freiheit XXVII; (II) 16, 18, 58.
Führer XX, XXII, XXIII,
    XXXIV, XXXV, XXXVI,
    XL; (I) 32; (II) 30, 98, 101, 102,
    109.
Führung (I) 97; (II) 105.

Geist XXXIX; (I) 57, 70; (II) 1, 2,
    3, 30, 34, 36, 37, 39, 43, 62, 82,
    127.
- deutscher Geist XI; (I) 17;
    (II) 19, 30, 32, 84.
geistesgeschichtlich (II) 30, 40, 95.
Geistesgeschichte (II) *42–45*.
Geisteswissenschaft (I) 11, 12, 50,
    56, 61, 63, 80; (II) 37, 81, 84,
    123, 133, 137.
Gelehrte (I) 15, 17, 34, 37, 48, 49,
    84.
genial XXI; (I) 32, 59, 64; (II) 12.
Genialität XX, XXXVI; (I) 3, 12,
    60; (II) 10.

Genie XX, XXVII; (I) 46, 70, 84; (II) 129.
Germanisten-Verband XIV, XV, XVI; (I) 82/83, 83–91; (II) 90, 107, 117.
Gesellschaft für Deutsche Bildung (II) 90, 96.
Gesellschaft (II) 81.
gesellschaftlich VII, VIII, XII, XXII; (II) 71, 72–84.
Gesellschaftswissenschaft (II) 79.
Geschichte (I) 79, 80; (II) 1, 25, 35, 66, 67, 68, 71, 72, 73, 74, 75, 81, 84, 86, 123.
geschichtlich (I) 7, 10, 67, 79, 80; (II) 14, 15, 36.
Geschmack XV; (I) 40, 92–110.
Gymnasium XVI, XXXV; (I) 4, 6, 8, 10, 86, 87; (II) 106, 109, 110.

Held XXI, XXII; (I) 13, 23, 30, 68–71; (II) 52, 101.
Hermeneutik XXII, XXXII, XXXIII, XXXIV, XXXV; (I) 55–68, (II) 131.
heilig XIX, XXI; (II) 39, 88, 91.
Heiligtum XIX; (II) 88.
Humanität XXV; (I) 5, 24; (II) 39, 103.

Ideal (I) 70, 90; (II) 4, 5, 6, 16, 34, 56, 59.
Idealismus XXX; (I) 17; (II) 6, 7, 18, 35, 36, 106, 122.
Idee (I) 2, 100; (II) 5, 16, 25, 34, 36, 46, 60, 62, 64, 68, 130.
ideell (II) 12, 42, 48, 55.
ideengeschichtlich XXVIII; (II) 28, 59, 60, 62, 63.
Ideologie VIII, X, XI, XII, XIII, XV, XVI, XVII, XXIII, XXIV, XXV, XXX, XXXII, XXXIV, XXXVI, XXXVIII; (II) 83.

Individualität (I) 7, 23; (II) 31, 56, 57, 62, 75, 129.
individualistisch (II) 36, 40.
individuell (I) 49, 121.
Industrie XV, XXIV; (I) 12.
– s. a. wirtschaftlich.
Interpretation (I) 58, 59, 60; (II) 131.

Kausalität (I) 2, 3; (II) 126, 127, 129.
Kausalzusammenhang (I) 20, 21, 24, 26.
Klassik (II) 1–9, 14, 46, 47, 49, 56, 57, 58, 75.
Krieg XX, XXI, XXIX; (I) 49, 88; (II) 17, 41, 69, 100–104, 107, 116, 118, 133.

Leben XV, XXVII, XXIX, XXX, XXXVII; (I) 12, 47, 59; (II) 1, 2, 21, 24, 33, 36, 38, 43, 44, 49, 50, 51, 52, 53, 54, 55, 56, 57, 58, 85, 86, 87, 88, 100, 103, 119, 120, 137.
Literaturgeschichte (II) 15, 23, 24, 34, 38, 40–42, 42–45, 59, 66–72, 73, 80, 125.
Literaturwissenschaft (II) 4, 19–34, 34–39, 66–72, 73, 74, 75, 76, 77, 78, 80, 83, 95, 98, 123–133, 137.

Materialismus (II) 66.
materialistisch (II) 34, 39, 69, 77, 79, 82, 83.
Metaphysik (II) 34, 130.
metaphysisch XXVIII; (I) 20; (II) 29, 43, 48, 75, 76, 79, 80.
Metaphysizierung (I) 51; (II) 80.

Nation XIV, XVII; (I) 1, 4, 7, 8, 24, 37, 48, 74, 84; (II) 17, 31, 70, 89, 92, 93, 94, 118.

national XIII, XIV; (I) 2, 6, 10,
22, 30, 35, 45, 78; (II) 20, 23, 24,
90, 91, 92, 93, 94, 97, 105, 107,
115.
- nationaler Charakter (I) 11, 13,
33; (II) 109.
- nationale Erziehung (I) 10;
(II) 34, 89, 92, 116.
- nationale Ethik XIII; (I) 1, 2,
24, 25; (II) 33, 94.
- nationalpädagogisch XIV;
(II) 20, 33, 90, 91, 95, 96.
Nationalliteratur (II) 24, 25.
nationalsozialistisch VIII, XIII;
(II) 89, 98, 122.
Naturwissenschaft XXIV; (I) 3, 11,
13, 18, 19, 20, 39; (II) 26, 39, 75.

Philologe XXVII; (I) 48, 59, 84;
(II) 11, 106.
Philologie XXXIV; (I) 13, 14, 22,
23, 38, 49, 58, 64, 65, 66, 72–74,
80, 116, 118; (II) 20, 22, 23, 37,
59, 71.
- s. a. deutsche Ph.
Politik XXXII; (II) 24, 86.
politisch VIII, XXXIV; (II) 121.
Positivismus XXIV; (II) 36, 86, 95.
positivistisch (I) 20; (II) 34, 67, 74,
79, 80.
Psychoanalyse (II) 77, 78.
Psychologie (I) 28, (II) 27, 77, 79,
83.
Publikum XXI; (I) 95, 97, 100,
101, 102, 106, 108, 109; (II) 11,
70, 77.

Romantik (II) 1–9, 14, 24, 26, 28,
36, 46, 47, 75.

Seele (I) 58; (II) 10, 36, 75, 134.
- deutsche Seele (II) 17, 105, 121.
Sythese (II) 13, 14, 28, 30, 36, 38,
60, 137.

Schicksal XXXVIII, XXXIX;
(II) 51, 79, 84, 86, 89, 100–104,
119, 134.
Schöpfer XX, XXII, XXXIII,
XXXVIII; (I) 68, 69, 84;
(II) 22, 38, 69.
schöpferisch XX, XXX, XXXIII;
(I) 70, 71; (II) 1, 3, 5, 17, 19, 21,
32, 36, 39, 40, 89, 101, 124, 126,
136.
Schöpfung XVIII; (II) 50, 52.
Sturm und Drang XXII; (I) 68;
(II) 47, 48, 49, 50, 51, 52, 53, 54,
55, 56, 57.

Universität
- Berlin (I) 17, 50–55, 118, 119,
120, 122; (II) 19.
- Bonn XI.
- Freiburg (Schweiz) (I) 114.
- Prag (I) 78.
- Straßburg X, XI; (I) 35, 38, 116.
- Wien (I) 32, 113.

Verleger (I) 81, 101, 102, 103;
(II) 113.
Verstehen XXXII, XXXIII,
XXXIV; (I) 2, 56, 57, 58, 59,
60, 61, 62, 63, 64, 65, 66;
(II) 76, 81.
Volk (I) 84, 91; (II) 17, 29, 36, 78,
85, 86, 91, 103.
völkisch (I) 82, 85, 86, 91; (II) 87,
89, 91, 96, 97, 101, 117, 134.
Volkstum (II) 38, 39, 89, 99, 100,
101, 116, 118.

wechselseitige Erhellung (I) 21, 22,
39; (II) 20, 61.
wirtschaftlich XXIV; (I) 6, 12, 79,
82, 104; (II) 81, 82, 83.
- s. a. Industrie

Zeitgeist XXX; (II) 24, 25, 29, 96,
99.

Inhaltsverzeichnis von Band 1

EINLEITUNG
Vom Dichterfürsten und seinen Untertanen   VII

WILHELM SCHERER
An Karl Müllenhoff (1868)   1

KONRAD BURDACH
Über deutsche Erziehung (1886)   3

WILHELM DILTHEY
Wilhelm Scherer zum persönlichen Gedächtnis (1886)   11

ERICH SCHMIDT
Wilhelm Scherer (1888)   30

EUPHORION. Zeitschrift für Literaturgeschichte. Band 1:
1. August Sauer: Vorwort (1894)   45
2. Wissenschaftliche Pflichten. Aus einer Vorlesung Wilhelm
Scherers. Skizziert von Erich Schmidt (1894)   47

FRANZ SCHULTZ
Berliner germanistische Schulung um 1900 (1937)   50

WILHELM DILTHEY
Die Entstehung der Hermeneutik (1900)   55

GUSTAV ROETHE
Deutsches Heldentum (1906)   68

VERSAMMLUNG DEUTSCHER PHILOLOGEN UND SCHULMÄNNER 1909:
1. Ernst Elster: Über den Betrieb der deutschen Philologie an
unseren Universitäten   72
2. Robert Lück: Die wissenschaftliche Vorbildung der Kandidaten
des höheren Lehramts für den deutschen Unterricht   74
3. Schlußthesen der Beratung   76

JOSEF NADLER
Worte der Rechtfertigung und des Danks (1912)   77

AUFRUF ZUR BEGRÜNDUNG EINES DEUTSCHEN GERMANISTEN-
VERBANDES (1912)   82

FRIEDRICH PANZER
Grundsätze und Ziele des Deutschen Germanisten-Verbandes (1912)   83

LEVIN L. SCHÜCKING
Literaturgeschichte und Geschmacksgeschichte (1913)   92

OSKAR WALZEL
Erich Schmidt (1913)   110

QUELLENNACHWEIS UND KURZBIOGRAPHIEN   125

INHALTSVERZEICHNIS VON BAND 2   130